关于发布四川省工程建设地方标准《预应力结构设计与施工技术规程》的通知

川建标发〔2014〕506号

各市州及扩权试点县住房城乡建设行政主管部门，各有关单位：

由四川省建筑科学研究院主编的《预应力结构设计与施工技术规程》，已经我厅组织专家审查通过，现批准为四川省推荐性工程建设地方标准，编号为：DBJ 51/T031-2014，自2014年12月1日起在全省实施。

该标准由四川省住房和城乡建设厅负责管理，四川省建筑科学研究院负责技术内容解释。

四川省住房和城乡建设厅
2014年9月15日

四川省工程建设地方标准

预应力结构设计与施工技术规程

DBJ51/T 031-2014

Technical specification for design and construction of prestressed structures

主编单位：四川省建筑科学研究院
　　　　　四川省第一建筑工程有限公司
批准部门：四川省住房和城乡建设厅
施行日期：2014 年 12 月 1 日

西南交通大学出版社

2014　成都

图书在版编目（CIP）数据

预应力结构设计与施工技术规程 / 四川省建筑科学研究院，四川省第一建筑工程有限公司主编. —成都：西南交通大学出版社，2015.1
（四川省工程建设地方标准）
ISBN 978-7-5643-3570-0

Ⅰ.①预… Ⅱ.①四…②四… Ⅲ.①预应力结构-结构设计-规程②预应力结构-工程施工-规程 Ⅳ.①TU378-65

中国版本图书馆 CIP 数据核字（2014）第 275913 号

四川省工程建设地方标准
预应力结构设计与施工技术规程
主编　四川省建筑科学研究院
　　　四川省第一建筑工程有限公司

责 任 编 辑	曾荣兵
助 理 编 辑	胡晗欣
封 面 设 计	原谋书装
出 版 发 行	西南交通大学出版社 （四川省成都市金牛区交大路 146 号）
发行部电话	028-87600564　028-87600533
邮 政 编 码	610031
网　　　址	http://www.xnjdcbs.com
印　　　刷	成都蜀通印务有限责任公司
成 品 尺 寸	140 mm × 203 mm
印　　　张	3.25
字　　　数	80 千字
版　　　次	2015 年 1 月第 1 版
印　　　次	2015 年 1 月第 1 次
书　　　号	ISBN 978-7-5643-3570-0
定　　　价	29.00 元

各地新华书店、建筑书店经销
图书如有印装质量问题　本社负责退换
版权所有　盗版必究　举报电话：028-87600562

前 言

本规程根据四川省住房和城乡建设厅《关于下达四川省工程建设地方标准〈预应力结构设计与施工技术规程〉编制计划的通知》(川建标〔2011〕227号)要求,由四川省建筑科学研究院,会同有关科研、设计、教学和施工单位共同制订。

规程制订过程中,编制组开展了广泛的调查研究,进行了相关试验研究工作,认真总结了预应力结构在国内及四川省内工程实践中的经验,参考有关国内标准和国外先进标准,对混凝土结构、钢结构、超长结构、既有建筑等使用预应力技术的主要环节做出了规定,提出了非结构构件、压接抗剪的计算方法,针对预应力混凝土结构设计中较为复杂的挠度、裂缝宽度控制进行了进一步的分析研究,提出了简化设计方法。在充分征求意见的基础上,制订了本规程。

本规程共有9章、3个附录,主要技术内容包括:总则、术语和符号、材料、设计基本规定、预应力作用分析、预应力混凝土结构设计、特殊预应力结构设计、预应力施工、预应力分项工程验收。

本规程由四川省住房和城乡建设厅负责管理,四川省建筑科学研究院负责条文解释。各单位在执行本规程时,注意总结经验,积累资料,随时将有关意见和建议反馈给四川省建筑科学研究院(地址:成都市一环路北三段55号;邮编:610081;

邮箱：zp@scjky.cn），以供今后修订时参考。

本规程主编单位：四川省建筑科学研究院
　　　　　　　　　四川省第一建筑工程有限公司
本规程参编单位：四川省建筑设计研究院
　　　　　　　　　中国建筑西南设计研究院有限公司
　　　　　　　　　成都市建筑设计研究院
　　　　　　　　　西南交通大学
　　　　　　　　　四川省建科工程技术公司
　　　　　　　　　四川省第四建筑工程公司
　　　　　　　　　四川华西绿舍预制构件有限公司
　　　　　　　　　成都市建设工程质量监督站
　　　　　　　　　四川省土木建筑学会预应力及预制
　　　　　　　　　混凝土专业委员会
本规程主要起草人员：鲁兆红　王其贵　淡　浩　张　瀑
　　　　　　　　　　章一萍　陈平友　隗　萍　颜有光
　　　　　　　　　　刘　洋　陈　彬　郑祥中　陈　静
　　　　　　　　　　陈　江　吕文清　潘　毅　彭明先
　　　　　　　　　　曹桓铭　李　可　李　辉　全　理
　　　　　　　　　　黄爱萍　何江宏　段　明　马德云
　　　　　　　　　　伍　庶
本规程主要审查人员：蒲黔辉　罗进元　戴胜勇　康　强
　　　　　　　　　　董武斌　谢惠庆　张仕忠

目　次

1 总　则 ··· 1
2 术语和符号 ·· 2
  2.1 术　语 ·· 2
  2.2 符　号 ·· 3
3 材　料 ··· 5
  3.1 混凝土 ·· 5
  3.2 预应力筋 ··· 6
  3.3 锚　具 ·· 7
  3.4 其他材料 ··· 8
4 设计基本规定 ··· 9
  4.1 一般规定 ··· 9
  4.2 预应力混凝土结构设计 ······································ 9
  4.3 预应力钢结构设计 ··· 10
  4.4 预应力超长结构设计 ·· 11
5 预应力作用分析 ·· 13
  5.1 一般规定 ·· 13
  5.2 预应力损失值计算 ··· 14
6 预应力混凝土结构设计 ··· 19
  6.1 一般规定 ·· 19
  6.2 承载能力极限状态验算 ···································· 20
  6.3 裂缝宽度验算 ··· 23
  6.4 施工阶段验算 ··· 28
  6.5 预应力混凝土结构抗震设计 ······························ 29
  6.6 主要构造 ·· 31

7 特殊预应力结构设计 ·············· 36
　7.1 体外预应力加固 ················ 36
　7.2 压接抗剪设计 ·················· 37
　7.3 预应力非结构构件设计 ·········· 38
8 预应力施工 ······················ 40
　8.1 一般规定 ······················ 40
　8.2 材料与设备 ···················· 41
　8.3 先张法预应力施工 ·············· 43
　8.4 后张法有黏结预应力施工 ········ 44
　8.5 后张法无黏结预应力施工 ········ 47
　8.6 预应力钢结构施工 ·············· 49
　8.7 体外预应力施工 ················ 50
　8.8 超长预应力结构施工 ············ 51
9 预应力分项工程验收 ·············· 53
　9.1 一般规定 ······················ 53
　9.2 材　料 ························ 53
　9.3 安　装 ························ 56
　9.4 张　拉 ························ 57
　9.5 灌浆与封锚 ···················· 58
　9.6 预应力分项工程验收 ············ 58
附录 A　常用预应力筋索形的等效荷载 ········ 60
附录 B　曲线布置时预应力损失值 σ_{l1} 计算 ······ 61
附录 C　预应力框架梁不需验算挠度的条件 ···· 63
本标准用词说明 ························ 67
引用标准名录 ·························· 71
附：条文说明 ·························· 73

Contents

1 General Provisions ·· 1

2 Terms and Symbols ··· 2

   2.1 Terms ··· 2

   2.2 Symbols ·· 3

3 Material ··· 5

   3.1 Concrete ··· 5

   3.2 Prestressing Tendon ·· 6

   3.3 Anchorage ··· 7

   3.4 Other Materials ·· 8

4 General Design Requirements ·· 9

   4.1 General Requirements ··· 9

   4.2 Design of Prestressed Concrete Structures ···························· 9

   4.3 Design of Prestressed Steel Structures ································· 10

   4.4 Design of Ultra-long Prestressed Structures ·························· 11

5 Prestressing Effect Analysis ··· 13

   5.1 General Requirements ·· 13

   5.2 Prestress Losses ·· 14

6 Design of Prestressed Concrete Structures ··································· 19

   6.1 General Requirements ·· 19

6.2 Calculation of Ultimate Limit State ················· 20

6.3 Calculation of Crack Control ························ 23

6.4 Calculation of Construction Stage ··················· 28

6.5 Seismic Design of Prestressed Concrete Structures ······ 29

6.6 Detailing of Concrete Structure Members ·············· 31

7 Design of Special Prestressed Concrete Structures ············ 36

7.1 External Prestressing Reinforcement ················· 36

7.2 Design of Crimping Shear ························· 37

7.3 Design of Prestressed Non-structural Members ············ 38

8 General Construction Requirements ························ 40

8.1 General Requirements ····························· 40

8.2 Material and Equipment ··························· 41

8.3 Construction of Pre-tensioning Method ················ 43

8.4 Construction of Bonded Post-tensioning Method ········ 44

8.5 Construction of Unbonded Post-tensioning Method ····· 47

8.6 Construction of Prestressed Steel Structures ·············· 49

8.7 Construction of External Prestressing ················· 50

8.8 Construction of Ultra-long Prestressed Structures ······· 51

9 Acceptance of Prestressed Engineerings ···················· 53

9.1 General Requirement ····························· 53

9.2 Materials ·· 53

9.3 Installation ······································· 56

9.4 Prestressed Tension ·· 57

9.5 Grouting and Closure Anchor ·· 58

9.6 Acceptance of Prestressed Engineerings ······························ 58

Appendix A Equivalent Prestressing Load ······························ 60

Appendix B Loss of Prestress of Curved Post-tensioned-
tendons Due of Anchorage Seating and
Tendon Shortening ·· 61

Appendix C The Deflection Condition of Prestressed
Frame Beam Without Checking ···································· 63

Explanation of Wording in this Code ·· 67

List of Quoted Standards ·· 71

Explanation of Provisions ··· 73

1 总　则

1.0.1 为了规范四川省预应力结构设计、施工和验收，做到安全适用、技术先进、经济合理、质量合格，制定本规程。

1.0.2 本规程适用于四川省工业与民用建筑中的预应力结构设计、施工和验收。

1.0.3 预应力结构设计、施工和验收除符合本规程的要求外，还应符合国家现行有关标准的要求。

2 术语和符号

2.1 术　语

2.1.1 预应力结构 prestressed structure

配置预应力筋，通过张拉或其他方法建立预加应力的结构。

2.1.2 先张法 pre-tensioning method

在张拉预应力筋后浇筑混凝土，并通过放张预应力筋由黏结传递而建立预应力的一种施工工艺。

2.1.3 后张法 post-tensioning method

在构件形成后通过对预应力筋进行张拉并在结构上锚固而建立预应力的一种施工工艺。

2.1.4 有黏结预应力技术 bonded-prestressed

通过灌浆或与混凝土直接接触使预应力筋与混凝土之间相互黏结而建立预应力的一种施工工艺。

2.1.5 无黏结预应力技术 unbonded-prestressed

配置与混凝土之间可相对滑动的无黏结预应力筋的后张法预应力工艺。

2.1.6 体外预应力技术 external prestressing tendon

体外预应力是指预应力筋（称为体外索）布置在构件外部，与构件间通过转角器、锚具连接的一种预应力技术。

2.1.7 预应力等效荷载 equivalent prestressing load

为了分析预应力对结构或构件所产生的作用，而将预应力的作用等效为荷载。

2.1.8 预应力钢结构 prestressed steel structures

在设计、制造、安装、施工和使用过程中，采用人为方法引入预应力的钢结构。

2.1.9 预应力超长结构 ultra-long prestressed structures

长度超过 80 m 且采用预应力技术的混凝土结构。

2.1.10 综合弯矩 resulting moment

由于预应力等效荷载的作用，在结构或构件中产生的弯矩。

2.1.11 压接抗剪设计 crimping shear design

构件之间采用预应力压接连接的抗剪设计

2.2 符 号

2.2.1 材料性能

f_{ck}, f_c——混凝土轴心抗压强度标准值、设计值；

f_{tk}, f_t——混凝土轴心抗拉强度标准值、设计值；

f_{ptk}, f_{py}——预应力筋强度标准值、设计值；

E_c, E_s——混凝土弹性模量、钢筋弹性模量。

2.2.2 作用和作用效应

σ_{pe}——有效预应力；

σ_{con}——张拉控制应力；

σ_l——总预应力损失；

$\Delta\sigma_p$——预应力钢筋的应力增量；

N_p——预应力混凝土构件的有效预加力;

M——弯矩设计值;

M_k,M_q——按荷载标准组合及准永久组合计算的弯矩值;

M_r,N_r,V_r——综合弯矩、综合轴力、综合剪力,为预应力视为荷载效应,在结构上引起的内力;

M_{cr}——截面开裂弯矩。

2.2.3 几何参数

b,h——截面宽度、截面高度;

h_0——截面的有效高度;

h_s——受拉区纵向非预应力钢筋的合力作用点至受压区边缘的距离;

h_p——受拉区纵向预应力钢筋的合力作用点至受压区边缘的距离;

ω_{max}——最大裂缝宽度;

W——毛截面抵抗矩;

I——毛截面惯性矩;

A——毛截面面积。

3 材 料

3.1 混凝土

3.1.1 先张法预应力混凝土构件的混凝土强度等级不应低于 C30；后张法预应力混凝土构件的混凝土强度等级不应低于 C40。

3.1.2 混凝土轴心抗压强度和轴心抗拉强度的标准值、设计值应按表 3.1.2 取用。

表 3.1.2 混凝土强度设计值和标准值（N/mm²）

强度	混凝土强度等级						
	C30	C35	C40	C45	C50	C55	C60
f_{ck}	20.1	23.4	26.8	29.6	32.4	35.5	38.5
f_c	14.3	16.7	19.1	21.1	23.1	25.3	27.5
f_{tk}	2.01	2.20	2.39	2.51	2.64	2.74	2.85
f_t	1.43	1.57	1.71	1.80	1.89	1.96	2.04

3.1.3 混凝土的弹性模量应按表 3.1.3 取用。

表 3.1.3 混凝土的弹性模量（×10⁴N/mm²）

强度	混凝土强度等级						
	C30	C35	C40	C45	C50	C55	C60
E_c	3.00	3.15	3.25	3.35	3.45	3.55	3.60

3.1.4 当温度在 0～100 ℃ 范围内时，混凝土线膨胀系数 α_c 可取为 1.0×10^{-5} /℃。

3.2 预应力筋

3.2.1 预应力筋可采用预应力钢丝、预应力钢绞线、预应力螺纹钢筋和钢棒等。

3.2.2 无黏结预应力筋外包材料性能应符合国家现行标准《无粘结预应力混凝土结构技术规程》（JGJ 92）的要求。

3.2.3 预应力筋抗拉强度标准值 f_{ptk}、预应力筋强度设计值 f_{py} 及 f'_{py} 按表 3.2.3 取用。

表 3.2.3 预应力筋强度设计值（N/mm²）

种类	抗拉强度标准值 f_{ptk}	抗拉强度设计值 f_{py}	抗压强度设计值 f'_{py}
中强度预应力钢丝	800	510	410
	970	650	
	1 270	810	
消除应力钢丝	1 470	1 040	410
	1 570	1 110	
	1 860	1 320	
钢绞线	1 570	1 110	390
	1 720	1 220	
	1 860	1 320	
	1 960	1 390	
预应力螺纹钢筋	980	650	410
	1 080	770	
	1 230	900	

3.2.4 预应力筋的弹性模量按表3.2.4取用。

表3.2.4 预应力筋的弹性模量（×10⁵N/mm²）

种 类	弹性模量 E_s
预应力螺纹钢筋	2.00
消除应力钢丝、中强度预应力钢丝	2.05
钢绞线	1.95

3.3 锚 具

3.3.1 预应力筋用锚具、夹具的性能应符合国家现行标准《预应力筋用锚具、夹具和连接器》（GB/T 14370）的规定。

3.3.2 预应力筋用锚具宜按表3.3.2选用。

表3.3.2 锚具型式

预应力筋品种	锚具型式		
	张拉端	固定端	
		安装在结构外	安装在结构之内
钢绞线	夹片锚具	夹片锚具 挤压锚具	压花锚具 挤压锚具
预应力钢丝	夹片锚具 镦头锚具 锥塞锚具	夹片锚具 镦头锚具 挤压锚具	挤压锚具 镦头锚具
预应力螺纹钢筋、钢棒	螺母锚具	螺母锚具	—

注：无防松装置的夹片锚具，不得用于承受低应力的预应力结构中。

3.3.3 锚具的静锚固性能由预应力筋-锚具组装静载试验测定的锚具效率系数（η_α）和达到实测极限拉力时组装件受力长度的总应变（ε_{apu}）确定，应同时满足式（3.3.3-1）和式（3.3.3-2）的要求：

$$\eta_\alpha \geqslant 0.95 \qquad (3.3.3\text{-}1)$$

$$\varepsilon_{apu} \geqslant 2.0\% \qquad (3.3.3\text{-}2)$$

3.3.4 当结构抗震等级为一级时，预应力筋-锚具组装件应满足循环次数为 50 次的周期荷载试验。

3.4 其他材料

3.4.1 金属波纹管的规格和性能应符合现行行业标准《预应力混凝土用金属波纹管》（JG 225）的规定。

3.4.2 孔道灌浆用水泥应采用普通硅酸盐水泥，其质量应符合国家现行标准《通用硅酸盐水泥》（GB 175）的规定。

3.4.3 孔道灌浆用外加剂的质量及应用技术应符合国家现行标准《混凝土外加剂》（GB 8076）和《混凝土外加剂应用技术规范》（GB 50119）的规定。

3.4.4 预应力孔道专用灌浆料应符合国家现行标准《预应力孔道灌浆剂》（GB/T 25182）的规定。

4 设计基本规定

4.1 一般规定

4.1.1 作用在结构上的预应力可视为荷载或抗力。

4.1.2 将预应力作用视为荷载时,其荷载效应组合设计值 S 中预应力荷载效应为 $\gamma_p S_p$。

对承载能力极限状态,当预应力作用效应对结构有利时,预应力作用分项系数 γ_p 取 1.0;不利时,γ_p 应取 1.2。正常使用极限状态及施工阶段验算,预应力作用分项系数应取 1.0。

4.1.3 预应力结构应进行施工阶段的验算。

4.1.4 预应力结构设计中,应考虑施加预应力对相邻构件的影响。

4.1.5 当预应力筋长度较短时宜采用预应力螺纹钢筋或预应力钢棒。

4.1.6 根据不同预应力筋品种和施工工艺,设计时宜按本规程第 3.3.2 条选择预应力锚具。

4.2 预应力混凝土结构设计

4.2.1 在竖向荷载作用下,预应力框架梁端负弯矩可按照《混凝土结构设计规范》(GB 50010)的相关规定进行调幅;预应力等效荷载所产生的框架梁端弯矩不宜调幅。

4.2.2 将预应力作用视为荷载效应时,预应力框架梁的跨中弯矩设计值宜乘以 1.1 的放大系数。

4.2.3 进行抗震分析时,结构的阻尼比按《建筑抗震设计规范》(GB 50011)确定。预应力混凝土框架结构的阻尼比可取 0.03;但当结构中仅少量构件采用预应力时,其阻尼比仍可取 0.05。

4.2.4 预应力混凝土框架梁、柱应采用有黏结预应力筋。

4.2.5 分散配置预应力筋的板类构件及楼盖的次梁,或预应力配置仅为满足构件挠度和裂缝要求时,可采用无黏结预应力筋。

4.2.6 预应力预制构件宜采用先张法。

4.3 预应力钢结构设计

4.3.1 预应力钢结构设计中,预应力效应应按永久荷载效应考虑。

4.3.2 预应力筋在结构受力的全过程中均应处于线弹性受力阶段,且处于受拉状态。

4.3.3 预应力空间钢结构应采用整体空间模型进行分析。

4.3.4 预应力筋的最小张拉控制应力不应小于 $0.2 f_{ptk}$,最大张拉控制应力不宜大于 $0.6 f_{ptk}$。

4.3.5 预应力筋的应力设计值不应大于其标准强度的(40%~55%)f_{ptk}。

4.3.6 预应力钢结构设计应包括预应力施工阶段(单次或多次预应力施加)和使用阶段的各种工况。

4.3.7 设计时应校核预应力施加过程中受压钢杆件的稳定性。

4.3.8 预应力钢结构节点设计应符合下列要求：

1 节点应保证结构受力明确，尽量减少应力集中与次应力、焊接残余应力，便于制作、安装和维护；

2 对构造、受力复杂的节点可采用铸钢节点；

3 根据节点的重要性，节点的承载力设计值应为构件承载力设计值的1.2~1.5倍。

4.4 预应力超长结构设计

4.4.1 预应力超长结构作用效应分析时宜采用整体模型，并应考虑混凝土收缩、徐变和温度作用的效应。

4.4.2 预应力超长结构设计应结合预应力施工方案考虑结构约束对预应力效应的影响，必要时可采取监测技术确定预应力的张拉顺序、张拉时间等参数。

4.4.3 混凝土的收缩变形可采用收缩当量温降$\Delta T'$来分析。当量温降的取值可根据收缩应变经验公式计算，也可根据实测的混凝土硬化或凝结收缩应变$\varepsilon(T)$，采用式（4.4.3）进行计算。

$$\Delta T' = \varepsilon(T) / \alpha_c \quad (4.4.3)$$

式中 $\varepsilon(T)$——混凝土的收缩应变；

α_c——混凝土的线膨胀系数。

4.4.4 温度效应的计算可采用季节温差ΔT来分析。

4.4.5 预应力超长结构中，预应力仅用于控制混凝土开裂时，可采用无黏结预应力技术，构件全截面有效平均压应力宜为0.7~1.5 MPa。

4.4.6 采用弹性方法分析超长结构时，可综合考虑混凝土收缩和季节温差作用，采用综合等效温差来计算，综合等效温差 ΔT_{st} 由式（4.4.6）确定。

$$\Delta T_{st} = \Delta T + \Delta T' \quad (4.4.6)$$

4.4.7 混凝土徐变的作用可采用徐变应力折减系数法，即将等效温差 ΔT_{st} 乘以徐变应力折减系数后，用弹性方法对结构进行分析。折减系数可取 0.3～0.5。

4.4.8 超长预应力混凝土结构构件进行正截面抗裂验算时，应考虑混凝土等效温差效应参与组合，其组合值系数取 0.6，准永久值系数取 0.4。

4.4.9 对于超长框架梁不宜采用折线形预应力筋线形，张拉端的预应力筋线型宜平缓，以减少张拉端附近的锚固损失。

5 预应力作用分析

5.1 一般规定

5.1.1 分析预应力对结构整体的作用时,可将预应力视为荷载,其在结构上引起的内力如综合弯矩 M_r、综合轴力 N_r、综合剪力 V_r 等按结构力学方法计算。

5.1.2 预应力等效荷载与预应力筋的布置形状有关,一般可等效为集中弯矩、集中力、均布荷载等。

5.1.3 预应力筋的布置可采用直线、折线、曲线等多种形式。常用预应力筋索形的等效荷载可按附录 A 计算。

5.1.4 计算预应力等效荷载时,可分段采用预应力筋的平均有效预应力值。

5.1.5 预应力筋的有效预应力值应按下式计算:

$$\sigma_{pe} = \sigma_{con} - \sigma_l$$

式中 σ_{con} ——预应力筋的张拉控制应力;

σ_l ——预应力筋的总预应力损失值,一般情况下总损失不应大于 $0.4\sigma_{con}$。

5.1.6 混凝土结构中,预应力筋张拉控制应力 σ_{con} 的上限值应符合表 5.1.6 的要求。

表 5.1.6 张拉控制应力限值

钢筋种类	张拉方法	
	先张法	后张法
消除应力钢丝、钢绞线	$0.75f_{ptk}$	$0.75f_{ptk}$
预应力螺纹钢筋	$0.70f_{ptk}$	$0.85f_{ptk}$
中强钢丝	$0.70f_{ptk}$	$0.70f_{ptk}$

5.1.7 钢结构及体外预应力加固中，预应力筋张拉控制应力σ_{con}一般不超过$0.6f_{ptk}$。

5.2 预应力损失值计算

5.2.1 预应力筋的预应力损失包括张拉端锚具变形和预应力筋内缩损失σ_{l1}；预应力筋的摩擦损失σ_{l2}；混凝土加热养护时，预应力筋与承受拉力的设备之间的温差损失σ_{l3}；预应力筋的应力松弛损失σ_{l4}；混凝土的收缩和徐变损失σ_{l5}等。在各阶段的预应力损失值宜按表 5.2.1 的规定进行组合。

表 5.2.1 各阶段预应力损失值的组合

预应力损失值的组合	先张法构件	后张法构件
混凝土预压前（第一批）的损失	$\sigma_{l1}+\sigma_{l2}+\sigma_{l3}+\sigma_{l4}$	$\sigma_{l1}+\sigma_{l2}$
混凝土预压后（第二批）的损失	σ_{l5}	$\sigma_{l4}+\sigma_{l5}$
钢结构预压后的损失	—	$\sigma_{l1}+\sigma_{l2}+\sigma_{l4}$

5.2.2 混凝土结构中，当计算求得的预应力总损失值小于下列数值时，应按下列数值取用：

先张法构件　100 N/mm²；

后张法构件　80 N/mm²。

5.2.3 预应力筋的预应力损失值可按表 5.2.3 的规定计算。

表 5.2.3 预应力损失值（N/mm²）

引起损失的因素		符号	先张法构件	后张法构件
张拉端锚具变形和预应力筋内缩		σ_{l1}	按本规程第 5.2.4 条的规定计算	按本规程第 5.2.4 条的规定计算
预应力筋的摩擦	与孔道壁之间的摩擦	σ_{l2}	—	按本规程第 5.2.5 条的规定计算
	张拉端锚口摩擦		按实测值或厂家提供的数据确定	
	在转向装置处的摩擦		按实际情况确定	
混凝土加热养护时，预应力筋与承受拉力的设备之间的温差		σ_{l3}	$2\Delta t$	—
预应力筋的应力松弛		σ_{l4}	消除应力钢丝、钢绞线 普通松弛： $0.4\left(\dfrac{\sigma_{con}}{f_{ptk}}-0.5\right)\sigma_{con}$ 低松弛： 当 $\sigma_{con} \leq 0.7 f_{ptk}$ 时 $0.125\left(\dfrac{\sigma_{con}}{f_{ptk}}-0.5\right)\sigma_{con}$	

续表 5.2.3

引起损失的因素	符号	先张法构件	后张法构件
预应力筋的应力松弛		当 $0.7f_{ptk} < \sigma_{con} \leqslant 0.8f_{ptk}$ 时 $0.2\left(\dfrac{\sigma_{con}}{f_{ptk}} - 0.575\right)\sigma_{con}$ 中强度预应力钢丝：$0.08\sigma_{con}$ 预应力螺纹钢筋：$0.03\sigma_{con}$	
混凝土的收缩和徐变	σ_{l5}	按本规程第 5.2.6 条的规定计算	

注：1 表中 Δt 为混凝土加热养护时，预应力筋与承受拉力的设备之间的温差（°C）；
2 当 $\sigma_{con}/f_{ptk} \leqslant 0.5$ 时，预应力筋的应力松弛损失值可取为零。

5.2.4 直线预应力筋由于锚具变形和预应力筋内缩引起的预应力损失值 σ_{l1} 应按式（5.2.4）计算：

$$\sigma_{l1} = \dfrac{a}{l} E_s \qquad (5.2.4)$$

式中 a——张拉端锚具变形和预应力筋内缩值（mm），可按表 5.2.4 采用；

l——张拉端至锚固端之间的距离（mm）。

表 5.2.4 锚具变形和钢筋内缩值 a（mm）

锚具类别		a
支承式锚具（钢丝束镦头锚具等）	螺帽缝隙	1
	每块后加垫板的缝隙	1
夹片式锚具	有顶压时	5
	无顶压时	6~8

注：1 表中的锚具变形和预应力筋内缩值也可根据实测数据确定；
2 其他类型的锚具变形和预应力筋内缩值应根据实测数据确定。

后张法混凝土构件中，曲线预应力筋或折线预应力筋由于锚具变形和预应力筋内缩引起的预应力损失值 σ_{l1}，可按附录 B 计算。

5.2.5 预应力筋与孔道壁之间的摩擦引起的预应力损失值 σ_{l2}，宜按式（5.2.5）计算：

$$\sigma_{l2} = \sigma_{con}\left(1 - \frac{1}{e^{\kappa x + \mu\theta}}\right) \quad (5.2.5)$$

式中 x——从张拉端至计算截面的孔道长度，可近似取该段孔道在纵轴上的投影长度（m）；

θ——从张拉端至计算截面曲线孔道各部分切线的夹角之和（rad）；

κ——考虑孔道每米长度局部偏差的摩擦系数，按表 5.2.5 采用；

μ——预应力筋与孔道壁之间的摩擦系数，按表 5.2.5 采用。

表 5.2.5 摩擦系数

孔道成型方式	κ	μ	
		钢绞线、钢丝束	预应力螺纹钢筋
预埋金属波纹管	0.0015	0.25	0.50
预埋钢管	0.0010	0.30	—
无黏结预应力筋	0.0040	0.09	—
钢类转角块	—	0.30	—

注：摩擦系数也可根据实测数据确定。

5.2.6 混凝土收缩、徐变引起受拉区和受压区纵向预应力筋的预应力损失值 σ_{l5} 可按表 5.2.6 确定。

表 5.2.6 混凝土收缩、徐变引起预应力损失值 σ_{l5}（N/mm²）

σ_{pc}/f'_{cu}	0.1	0.2	0.3	0.4	0.5
先张法	55	75	95	113	135
后张法	60	80	100	120	140

注：σ_{pc} 为预应力筋合力点处扣除第一批损失后的混凝土法向压应力，考虑张拉阶段结构的自重；f'_{cu} 为施加预应力时的混凝土立方体抗压强度。

6 预应力混凝土结构设计

6.1 一般规定

6.1.1 预应力混凝土结构构件，除应根据设计状况进行承载力计算及正常使用极限状态验算外，尚应对施工阶段进行验算。

6.1.2 预应力混凝土构件的正截面受弯承载力计算，除可按照国家现行标准《混凝土结构设计规范》（GB 50010）的规定计算外，也可按照本规程 6.2 节的规定计算。

6.1.3 预应力混凝土构件裂缝控制等级及最大裂缝宽度的限值应符合本规程 6.3 的要求。最大裂缝宽度的验算，除可按照国家现行标准《混凝土结构设计规范》（GB 50010）的规定验算外，也可按照本规程 6.3 节的规定控制。

6.1.4 预应力混凝土结构受弯构件挠度验算，除可按照国家现行标准《混凝土结构设计规范》（GB 50010）的规定验算外，在满足本规程附录 C 的要求时也可不再验算。

6.1.5 预应力混凝土结构的施工阶段验算，可按照本规程 6.4 节的规定验算。

6.1.6 预应力混凝土构件的斜截面承载力计算、扭曲截面承载力计算应符合国家现行标准《混凝土结构设计规范》（GB 50010）的规定，可不考虑预应力作用的有利影响。

6.1.7 采用整体铸造垫板等定型产品，当满足其产品规定的技术条件时，可不进行局部受压验算。

6.2 承载能力极限状态验算

6.2.1 预应力混凝土受弯构件，其混凝土受压区高度应满足下式：

$$x/h_0 \leqslant 0.35 \qquad (6.2.1)$$

式中 x——混凝土受压区高度；

h_0——截面有效高度，为纵向受拉钢筋合力点至截面受压边缘的距离。

6.2.2 只在受拉区配置预应力筋的矩形截面，其正截面受弯承载力应符合下列规定（图6.2.2）：

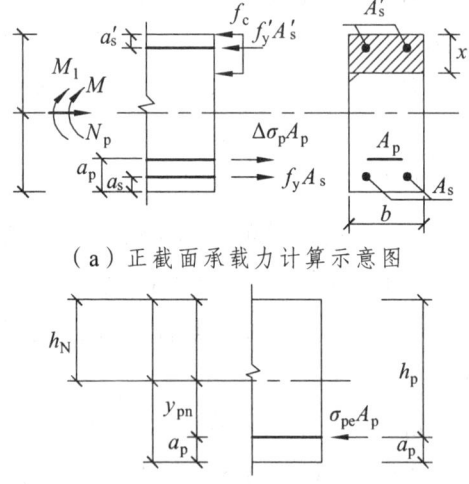

(a) 正截面承载力计算示意图

(b) 截面几何参数示意图

图 6.2.2 矩形截面预应力受弯构件正截面承载力计算

$$M + \gamma_p M_r \leqslant f_y A_s \left(h_s - \frac{x}{2} \right) + \Delta \sigma_p A_p \left(h_p - \frac{x}{2} \right) - \\ f'_y A'_s \left(a'_s - \frac{x}{2} \right) + N_p \left(h_N - \frac{x}{2} \right)$$
（6.2.2-1）

混凝土受压区高度应按下列公式确定：

$$\alpha_1 f_c b x = f_y A_s + \Delta \sigma_p A_p + N_p - f'_y A'_s$$ （6.2.2-2）

混凝土受压区高度应符合下列条件：

$$x \leqslant \xi_b h_0$$ （6.2.2-3）

$$x \geqslant 2a'$$ （6.2.2-4）

$$N_p = \sigma_{pe} A_p$$ （6.2.2-5）

$$h_N = h_p - y_{pn}$$ （6.2.2-6）

以上式中　M——外荷载作用下的弯矩设计值；

　　　　　M_r——预应力作用下的综合弯矩标准值；

　　　　　γ_p——预应力作用分项系数，当预应力作用效应对承载力不利时，取 1.2；当预应力作用效应对承载力有利时，取 1.0；

　　　　　f_y——非预应力钢筋抗拉强度设计值；

　　　　　f'_y——非预应力钢筋抗压强度设计值；

　　　　　A_s——受拉区纵向非预应力钢筋的截面面积；

　　　　　A'_s——受压区纵向非预应力钢筋的截面面积；

　　　　　h_s——受拉区纵向非预应力钢筋的合力作用点至受压区边缘的距离；

h_p——受拉区纵向预应力钢筋的合力作用点至受压区边缘的距离;

a'_s——受压区纵向非预应力钢筋的合力作用点至受压区边缘的距离;

X——混凝土受压区高度;

f_{py}——预应力钢筋抗拉强度设计值;

N_p——预应力混凝土构件的有效预加力;

h_N——截面形心到受压区边缘距离;

y_{pn}——截面形心到预应力筋合力作用点的距离;

A_p——受拉区纵向预应力钢筋的截面面积;

α_1——系数,按国家现行标准《混凝土结构设计规范》(GB 50010)的规定确定;

f_c——混凝土轴心抗压强度设计值;

b——矩形截面的宽度;

σ_{pe}——扣除全部预应力损失后,预应力筋的有效预应力;

$\Delta\sigma_p$——预应力钢筋的应力增量(N/mm^2),按6.2.3的规定计算,当大于 500 MPa 时,取为 500 Mpa。

6.2.3 预应力筋应力增量$\Delta\sigma_p$应符合下列要求:

$$\Delta\sigma_p + \sigma_{pe} \leqslant f_{py} \quad (6.2.3\text{-}1)$$

1 对于有黏结预应力构件:

$$\Delta\sigma_p = f_{py} - \sigma_{pe} \quad (6.2.3\text{-}2)$$

2 对于无黏结预应力构件：

$$\Delta\sigma_p = (240 - 335\xi_p)\left(0.45 + 5.5\frac{h}{l_0}\right)\frac{l_2}{l_1} \quad (6.2.3-3)$$

其中
$$\xi_p = \frac{\sigma_{pe}A_p + f_y A_s}{f_c b h_p} \quad (6.2.3-4)$$

以上式中 l_0——受弯构件计算跨度；

　　　　h——受弯构件截面高度；

　　　　ξ_p——综合配筋特征值，不宜大于 0.4；对于连续梁、板，取各跨内支座和跨中截面综合配筋特征值的平均值；

　　　　l_1——连续无黏接预应力筋两个锚固端间的总长度；

　　　　l_2——与 l_1 相关的由活荷载最不利布置图确定的荷载跨长度之和。

注：在无黏结预应力受弯构件中，对于跨数不少于 3 跨的连续梁、连续单向板及连续双向板，$\Delta\sigma_p$ 取值不应小于 50 MPa。

6.3 裂缝宽度验算

6.3.1 预应力混凝土结构构件应根据其使用功能及外观要求，进行裂缝控制验算。受力裂缝的控制等级及最大裂缝宽度的限值应符合表 6.3.1 的规定。

表 6.3.1 预应力混凝土构件裂缝控制等级及最大裂缝宽度的限值（mm）

环境类别	裂缝控制等级	最大裂缝宽度限值 ω_{lim}
一	三级	0.20
二 a		0.10
二 b	二级	—
三 a、三 b	一级	—

6.3.2 混凝土结构暴露的环境类别应按表 6.3.2 的要求划分。

表 6.3.2 混凝土结构的环境类别

环境类别	条 件
一	室内干燥环境； 无侵蚀性静水浸没环境
二 a	室内潮湿环境； 非严寒和非寒冷地区的露天环境； 非严寒和非寒冷地区与无侵蚀性的水或土壤直接接触的环境； 严寒和寒冷地区的冰冻线以下与无侵蚀性的水或土壤直接接触的环境
二 b	干湿交替环境； 水位频繁变动环境； 严寒和寒冷地区的露天环境； 严寒和寒冷地区的冰冻线以上与无侵蚀性的水或土壤直接接触的环境
三 a	严寒和寒冷地区冬季水位变动区环境； 受除冰盐影响环境； 海风环境
三 b	盐渍土环境； 受除冰盐作用环境； 海岸环境

6.3.3 预应力混凝土构件应按下列规定进行受拉边缘应力或正截面裂缝宽度验算：

1 一级裂缝控制等级的构件，在荷载效应的标准组合下，受拉边缘应力应符合下列规定：

$$\sigma_{ck} - \sigma_{pc} \leqslant 0 \quad (6.3.3\text{-}1)$$

2 二级裂缝控制等级的构件，在荷载效应的标准组合下，受拉边缘应力应符合下列规定：

$$\sigma_{ck} - \sigma_{pc} \leqslant f_{tk} \quad (6.3.3\text{-}2)$$

3 三级裂缝控制等级的构件，预应力混凝土构件的最大裂缝宽度按荷载标准组合并考虑长期作用影响的效应验算。最大裂缝宽度应符合下列规定：

$$\omega_{max} \leqslant \omega_{lim} \quad (6.3.3\text{-}3)$$

对环境类别为二 a 类的预应力混凝土构件，在荷载效应的准永久组合下还应满足下式要求：

$$\sigma_{cq} - \sigma_{pc} \leqslant f_{tk} \quad (6.3.3\text{-}4)$$

式中 σ_{ck}，σ_{cq}——荷载标准组合、准永久组合下抗裂验算边缘的混凝土法向应力，可参照本规范公式（6.3.4-1）及（6.3.4-2）计算；

σ_{pc}——扣除全部预应力损失后在抗裂验算边缘的混凝土的预压应力，后张法构件可参照本规范公式（6.3.4-3）计算；

f_{tk}——混凝土轴心抗拉强度标准值；

ω_{max}——按荷载效应的标准组合并考虑长期作用影响计算的最大裂缝宽度；

ω_{lim}——最大裂缝宽度限值，见表6.3.1。

6.3.4 预应力受弯构件，截面应力 σ_{ck}，σ_{cq}，σ_{pc} 可按下列公式计算：

$$\sigma_{ck} = \frac{M_k}{W} \quad (6.3.4\text{-}1)$$

$$\sigma_{cq} = \frac{M_q}{W} \quad (6.3.4\text{-}2)$$

后张法构件由预加力产生的混凝土法向应力

$$\sigma_{pc} = \frac{N_p}{A} + \frac{M_r}{I} y \quad (6.3.4\text{-}3)$$

式中 M_k，M_q——按荷载标准组合、准永久组合计算的弯矩值；

W——毛截面抵抗矩；

I——毛截面惯性矩；

y——截面重心至所计算纤维处的距离；

A——毛截面面积；

N_p——预应力混凝土构件的有效预加力；

M_r——综合弯矩标准值。

6.3.5 预应力混凝土轴心受拉和受弯构件中，按荷载标准组合或准永久组合并考虑长期作用影响的最大裂缝宽度可参照国家现行标准《混凝土结构设计规范》(GB 50010) 的规定计算。

6.3.6 当最大裂缝宽度限值 $\omega_{\lim}$ = 0.2 mm，且有黏结预应力受弯构件中受拉区纵向钢筋的等效应力 σ_{sk} 不大于 180 MPa 时，可不再进行裂缝宽度验算。σ_{sk} 可按式（6.3.6-1）计算：

$$\sigma_{sk} = \frac{M_k - 0.75 M_{cr}}{0.87 h_0 (A_p + A_s)} \quad (6.3.6\text{-}1)$$

$$M_{cr} = (\sigma_{pc} + \gamma f_{tk}) W \quad (6.3.6\text{-}2)$$

$$\gamma = (0.7 + 120/h) \gamma_m \quad (6.3.6\text{-}3)$$

式中 σ_{sk}——预应力筋和非预应力筋的等效应力；

M_k——标准组合下截面弯矩；

M_{cr}——截面开裂弯矩；

f_{tk}——混凝土抗拉强度标准值；

W——毛截面抵抗矩；

γ——截面塑性发展系数；

γ_m——混凝土构件的截面抵抗矩塑性影响系数基本值，可按正截面应变保持平面的假定，并取受拉区混凝土应力图形为梯形、受拉边缘混凝土极限拉应变为 $2 f_{tk}/E_c$ 确定；对常用的截面形状，γ_m 值可按表 6.3.6 取用；

h——截面高度（mm）：当 h<400 时，取 h = 400；当 h>1 600 时，取 h = 1 600。

表 6.3.6 截面抵抗矩塑性影响系数基本值 γ_m

项次	1	2	3		4	
截面形状	矩形截面	翼缘位于受压区的T形截面	对称I形截面或箱形截面		翼缘位于受拉区的倒T形截面	
			$b_f/b \leq 2$, h_f/h 为任意值	$b_f/b>2$, $h_f/h<0.2$	$b_f/b \leq 2$, h_f/h 为任意值	$b_f/b>2$, $h_f/h<0.2$
γ_m	1.55	1.50	1.45	1.35	1.50	1.40

注：1 对 $b'_f > b_f$ 的 I 形截面，可按项次 2 与项次 3 之间的数值取用；对 $b'_f < b_f$ 的 I 形截面，可按项次 3 与项次 4 之间的数值取用；

2 对于箱形截面，b 系指各肋宽度的总和。

6.4 施工阶段验算

6.4.1 预应力混凝土结构构件，应根据其在制作、运输及安装等施工阶段的实际受力状况及预应力施加状况进行施工阶段验算。

1 对于后张法现浇预应力混凝土结构构件，施工阶段验算包括施加预应力时，结构构件在预加力、自重及施工荷载作用下，构件截面边缘的混凝土法向应力验算及张拉端、固定端的局部受力验算；

2 对于先张法现浇预应力混凝土结构构件，施工阶段验算包括施加预应力、运输及安装等施工阶段，结构构件在预加力、自重及施工荷载作用下，构件截面边缘的混凝土法向应力验算及放张端的局部受力验算。

6.4.2 在预应力施工阶段，构件在预加力、自重及施工荷载作用下，构件截面边缘的混凝土法向应力应符合下列规定：

$$\sigma_{ct} \leqslant f'_{tk} \quad (6.4.2\text{-}1)$$

$$\sigma_{cc} \leqslant 0.8 f'_{ck} \quad (6.4.2\text{-}2)$$

式中 σ_{cc}，σ_{ct}——相应施工阶段计算截面边缘纤维的混凝土压应力、拉应力；

f'_{tk}，f'_{ck}——与各施工阶段混凝土立方体抗压强度 f'_{cu} 相应的抗拉强度标准值、抗压强度标准值，按本规程表 3.1.2 以线性内插法确定。

6.4.3 预应力受弯构件截面边缘的混凝土法向应力可按以下公式计算，此时应力按对应工况的方向取代数和。

$$\sigma_{cc},\sigma_{ct} = \frac{N_p + N_k}{A} + \frac{M_k + M_r}{W} \quad (6.4.3)$$

式中 N_k，M_k——构件自重及施工荷载的标准组合的计算截面产生的轴向力值、弯矩值；

M_r——预应力作用下的综合弯矩标准值；

N_p——与施工阶段对应的预加力；

A——毛截面面积；

W——毛截面抵抗矩。

式中各项应力方向按代数和叠加。

6.5 预应力混凝土结构抗震设计

6.5.1 本节的规定适用于抗震设防烈度为 6、7、8 度地区。当 9 度区需采用预应力混凝土结构时，应进行专项技术评价。

6.5.2 地震区框架结构中不宜采用预应力柱。

6.5.3 预应力混凝土框架梁端,考虑受压钢筋的截面,混凝土受压区高度应符合下列要求,且按普通钢筋抗拉强度设计值换算的全部纵向受拉钢筋配筋率不宜大于2.5%。

一级抗震等级 $\quad x \leqslant 0.25h_0 \quad$ （6.5.3-1）

二、三级抗震等级 $\quad x \leqslant 0.35h_0 \quad$ （6.5.3-2）

6.5.4 在预应力混凝土框架梁中,应采用预应力筋和非预应力筋混合配筋的方式,梁端截面配筋宜符合下列要求：

$$A_s \geqslant \frac{1}{3}\left(\frac{f_{py}h_p}{f_y h_s}\right)A_p \quad （6.5.4）$$

式中 h_p——纵向受拉预应力筋合力点至构件截面受压边缘的距离;

h_s——纵向受拉非预应力筋合力点至构件截面受压边缘的距离。

注：对二、三级抗震等级的框架-剪力墙、框架-核心筒结构中的后张有黏结预应力混凝土框架,式（6.5.4）右端项系数1/3可改为1/4。

6.5.5 预应力混凝土框架梁梁端截面的底部纵向非预应力筋和顶部纵向受力钢筋截面面积的比值,除按计算确定外,一级抗震等级不应小于0.5,二、三级抗震等级不应小于0.3。计算顶部纵向受力钢筋截面面积时,应将预应力筋按抗拉强度设计值换算为普通钢筋截面面积。

6.5.6 框架梁端底面纵向非预应力筋的配筋率尚不应小于0.2%。

6.6 主要构造

6.6.1 预应力梁的截面高度宜符合表 6.6.1 的规定。

表 6.6.1 预应力梁的截面高度与跨度的比值（h/L）

梁类型	梁截面高跨比
简支梁	1/20 ~ 1/15
连续梁	1/25 ~ 1/20
单向密肋梁	1/25 ~ 1/20
井字梁	1/25 ~ 1/20
悬挑梁	1/10 ~ 1/6
框架梁	1/20 ~ 1/15
简支扁梁	1/25 ~ 1/15
连续扁梁	1/30 ~ 1/20
框架扁梁	1/30 ~ 1/18

注：表中 L 为梁计算跨度（井字梁为短跨计算跨度），h 是等截面的梁高。

6.6.2 预应力板的截面高度宜符合表 6.6.2 的规定。

表 6.6.2 预应力板的跨度与厚度的比值（L/h）

项次	板的支承情况	板的种类				悬挑板
		单向板		双向板		
		实心	空心	实心	空心	
1	简支	35 ~ 40	35 ~ 40	40 ~ 45	40 ~ 45	—
2	连续	40 ~ 45	40 ~ 45	45 ~ 50	40 ~ 50	10

注：表中 L 为板的短边计算跨度；无梁楼盖中 L 为板的长边计算跨度。

6.6.3 先张法预应力筋之间的净间距不宜小于其公称直径的 2.5 倍和混凝土粗骨料

最大粒径的 1.25 倍，且应符合下列规定：预应力钢丝不应小于 15 mm；预应力钢绞线不应小于 25 mm。

6.6.4 先张法预应力混凝土构件端部宜采取下列构造措施：

1 单根配置的预应力筋，其端部宜设置螺旋筋；

2 分散布置的多根预应力筋，在构件端部 10d（d 为预应力筋的公称直径）且不小于 100 mm 长度范围内，应设置 3~5 片与预应力筋垂直的钢筋网片。

6.6.5 当采用先张法生产有端横肋的预应力筋混凝土肋形板时，应在设计和制作上采取防止放张预应力时端横肋产生裂缝的有效措施。

6.6.6 当预应力构件端部与下部支承结构焊接时，应考虑混凝土收缩、徐变及温度变化所产生的不利影响，宜在构件端部可能产生裂缝的部位设置纵向构造钢筋。

6.6.7 后张法预应力筋及预留孔道应符合下列规定：

1 预制构件中预留孔道之间的水平净距不宜小于 50 mm，且不应小于粗骨料粒径的 1.25 倍；孔道至构件边缘的净间距不宜小于 30 mm，且不宜小于孔道直径的 0.5 倍。

2 现浇混凝土梁中，预留孔道在垂直方向的净间距不应小于孔道外径，水平方向的净间距不应小于 1.5 倍孔道外径，且不应小于粗骨料粒径的 1.25 倍。

3 从孔道外壁至构件边缘的净间距，梁底不宜小于 50 mm，梁侧不宜小于 40 mm，裂缝控制等级为三级的梁，梁底，梁侧分别不宜小于 60 mm 和 50 mm。

4 预留孔道的内径应比预应力束外径及需穿过孔道的连接器的外径大 6~15 mm。且孔道的截面积宜为穿入预应力束截面积的 3.0~4.0 倍。

5 单根无黏结预应力筋在构件截面上的水平和竖向排列最小间距不宜小于 60 mm。从孔道外壁至构件边缘的净间距，板底不宜小于 25 mm。板中单根无黏结预应力筋的间距不宜大于板厚的 6 倍，且不宜大于 1 m；带状束的无黏结预应力筋根数不宜多于 5 根，带状束间距不宜大于板厚的 12 倍，且不宜大于 2.4 m。

6.6.8 曲线预应力筋的端头，应有与之相切的直线段，直线段长度不应小于 300 mm，且不应小于局部受压间接钢筋配置区长度。

6.6.9 后张法预应力筋孔道两端应设排气孔或灌浆孔。曲线孔道的每个峰顶处设置泌水管，泌水管伸出梁面高度不宜小于 0.2 m。泌水管也可兼作灌浆管使用。

6.6.10 采用梁端部加宽锚固或梁端局部加腋的形式，应在梁加宽长度范围或加腋处预应力筋水平弯折范围内配置 U 形防崩的构造箍筋，焊于普通钢筋上（图 6.6.11）。

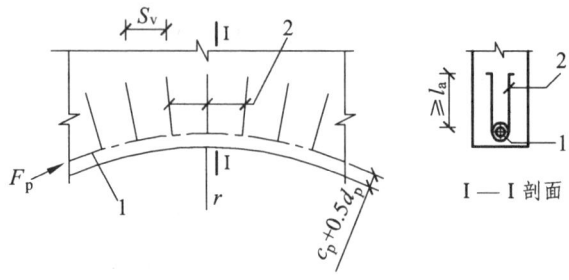

（a）抗崩裂U形箍筋布置　　（b）抗崩裂U形箍筋

图 6.6.11　抗崩裂箍筋构造示意

6.6.11 后张法预应力筋张拉端、锚固端的设置：

1 后张法预应力筋的锚具不宜设置在梁柱节点核心区内。

2 当预应力筋锚固于梁的跨间时，应布置在梁端箍筋加密区以外。

6.6.12 后张预应力混凝土锚具的封闭，应符合下列规定：

1 无黏结预应力筋锚具应采用注有足量防腐油脂的塑料帽封闭锚具端头，并应采用无收缩砂浆或细石混凝土封闭。其强度等级宜与构件混凝土强度等级一致。

2 有黏结预应力锚具采用混凝土封闭时，其强度等级宜与构件混凝土强度等级一致。并应采取措施保证封闭混凝土与构件有可靠黏结，且宜配置1~2片钢筋网。

6.6.13 无黏结预应力楼板体系中单根无黏结预应力筋的张拉端，宜采用凹入式作法。

6.6.14 在板内被孔洞阻断的无黏结预应力筋可分两侧绕过洞口铺设，其离洞口的距离不宜小于150 mm，水平偏移的曲率半径不宜小于6.5 m，洞口四周应配置构造钢筋加强（图6.6.15）。

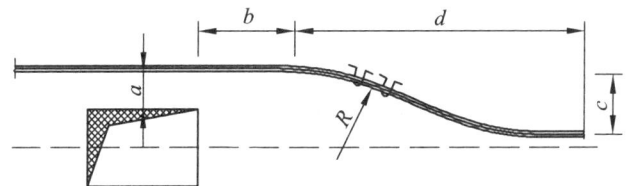

图 6.6.15 无黏结预应力混凝土楼板开洞示意

注：1 洞口无黏结预应力筋布置宜满足：$a \geqslant 150$ mm，$b \geqslant 300$ mm，$R \geqslant 6.5$ m；

2 当 $c:d > 1:6$ 时，需配置 U 形筋。

6.6.15 对无黏结预应力混凝土多跨连续板,当预应力筋长度大于 50 m 时,应分段锚固。

7 特殊预应力结构设计

7.1 体外预应力加固

7.1.1 体外预应力加固适用于提高构件承载能力、减小构件正常使用中的变形和裂缝宽度。

7.1.2 体外预应力加固设计宜采用非线性分析方法。

7.1.3 体外预应力加固设计中,将预应力视为外加荷载时,可采用线性分析方法。体外预应力筋的应力设计值 σ_{pu}(N/mm^2) 可按下列公式计算:

$$\sigma_{pu} = \sigma_{pe} + 50 \tag{7.1.4}$$

式中 σ_{pu}——体外预应力筋的应力设计值;

σ_{pe}——体外预应力筋的有效预应力值。

7.1.4 体外预应力筋张拉控制应力值不宜超过 $0.6f_{ptk}$,也不宜小于 $0.4f_{ptk}$。

7.1.5 体外预应力筋可采用预应力钢绞线、预应力螺纹钢筋(高强钢棒)等,并应有可靠的防护措施。

7.1.6 体外预应力束可采用直线、双折线或多折线布置方式,且其布置应使构件对称受力。

7.1.7 体外预应力束仅在锚固区及转向块处与构件相连接时,其设计应满足下列要求:

1 体外预应力束锚固区和转向块的设置应根据体外束的设计线形确定。不应采用折线形的转向块；

2 体外预应力束的锚固块与转向块之间或两个转向块间的自由段长度不宜大于12 m，超过该长度宜设置减振装置；

3 体外预应力束在每个转向块处的弯折角度不宜大于15°，转向块最小曲率半径不宜小于2.5 m，体外束与转向块接触长度由设计计算确定；

4 体外预应力束锚固区除应进行局部承压承载能力计算，尚应对钢托件等进行抗剪设计与验算。

7.1.8 采用体外预应力技术对混凝土构件进行加固时，原有构件的混凝土强度不应低于C20。

7.2 压接抗剪设计

7.2.1 本节适用于混凝土构件之间采用预应力压接连接的抗剪设计。

7.2.2 压接抗剪连接的剪力设计值不应小于所连接构件抗剪承载力的设计值。

7.2.3 预应力压接抗剪设计应满足式（7.2.3）的要求：

$$Q \leqslant 0.7\mu N_p \qquad (7.2.3)$$

式中 Q——剪力设计值；

N_p——预应力筋的有效力；

μ——构件之间的摩擦系数，可按表7.2.3取用。

表 7.2.3 构件之间的摩擦系数

界面状况		表面处理	系数
混凝土-混凝土	新建建筑	粗糙化处理	1.0
		未粗糙化处理	0.6
	已有建筑	粗糙化处理	0.5
混凝土-钢		粗糙化处理	0.63

注：重要时应根据现场实测结果确定

7.2.4 预应力筋应采用预应力钢棒。

7.2.5 混凝土构件的强度不宜低于 C20。

7.2.6 在界面上配置的普通抗剪钢筋宜承担不少于 20%的剪力设计值。

7.2.7 预应力筋的张拉控制应力不宜大于 $0.5 f_{ptk}$。

7.2.8 界面的最小预压应力值不应小于 0.2 MPa，也不应大于 $0.2 f_c$。

7.3 预应力非结构构件设计

7.3.1 本节适用于预制的预应力非结构构件设计。

7.3.2 预应力非结构构件可采用允许应力法进行设计。

7.3.3 预应力非结构构件中的预应力筋宜采用直线配筋方式。

7.3.4 受弯构件的受弯承载能力应符合下列规定：

$$M \leqslant (\gamma f_{tk} + \sigma_{pc})W \qquad (7.3.4\text{-}1)$$

式中 M——弯矩设计值；

W——构件截面抵抗矩；

σ_{pc}——预应力在截面上产生的应力；

γ——截面塑性发展系数，按本规程第 6.3.6 条取值。

$$\sigma_{pc} = \frac{N_p}{A} \pm \frac{N_p \cdot e}{W} \qquad (7.3.4-2)$$

式中 N_p——有效预加力；

e——预应力筋的偏心距；

W——构件截面抵抗矩；

A——构件截面面积。

7.3.5 矩形截面抗剪承载能力应符合下式要求：

$$V \leqslant 0.7 f_t b h_0 + 0.05 N_p \qquad (7.3.5)$$

式中 V——剪力设计值；

N_p——有效预加力，当 $N_p > 0.3 f_c A$ 时，取 $0.3 f_c A$。

7.3.6 预应力非结构构件中，普通钢筋的配置应根据构件制作、安装工艺要求确定。

7.3.7 预应力非结构构件宜采用先张法工艺。

7.3.8 板类构件的厚度不宜小于 60 mm。

7.3.9 预应力筋的保护层厚度不应小于 20 mm。

7.3.10 非结构构件与周边构件的连接优先采用铰接方式。

8 预应力施工

8.1 一般规定

8.1.1 后张法预应力工程的施工应由具有相应资质等级的预应力专业施工单位承担。

8.1.2 预应力施工单位应根据工程特点编制预应力专项施工方案,重要的预应力工程应进行设计文件的深化设计。

8.1.3 符合下列条件之一的工程划分为重要的预应力工程:

  1 单跨跨度大于27 m的预应力混凝土结构;

  2 单束预应力筋连续超过4跨(含4跨)的预应力混凝土结构;

  3 体外预应力或预应力钢结构工程;

  4 设计有特殊要求的预应力工程。

8.1.4 预应力混凝土构件在混凝土浇筑时应采取可靠措施,确保混凝土浇筑质量。

8.1.5 张拉或放张时应以浇筑时制作的同条件养护试块的混凝土强度为依据,其混凝土强度应符合设计要求;当设计无具体要求时,不应低于设计混凝土强度等级的75%。现浇混凝土结构中,施加预应力时的混凝土龄期:对后张法预应力楼板不宜小于5 d,对后张法预应力梁不宜小于7 d。

8.1.6 预应力筋的张拉方法，应根据设计要求或施工计算结果确定。两端张拉时，宜采用两端同时张拉的方法，也可一端先张拉，另端补张拉。

8.1.7 张拉设备安装时，对直线预应力筋，应使张拉力的作用线与预应力筋中心线重合；对曲线预应力筋，应使张拉力的作用线与预应力筋中心线末端的切线重合。

8.1.8 预应力筋张拉伸长实测值与计算值的偏差不应超过±6%，其合格点率应达到95%，且最大偏差不应超过±10%。

8.1.9 预应力筋张拉锚固后实际建立的预应力值与设计规定检验值的相对偏差不应超过±5%。

8.1.10 重要的预应力工程应进行现场预应力摩擦损失的实测，并宜在张拉完成后48小时内，进行预应力筋有效预应力的实测。

8.2 材料与设备

8.2.1 预应力筋进场时，应按国家现行标准的规定抽取试件做力学性能试验，其质量必须符合有关标准的规定。

8.2.2 预应力筋锚具、夹具和连接器的性能应符合国家现行标准的要求。

外观检查：从每批中各种不同类型抽取10%，且不少于10套，检查其外观质量和外形尺寸，表面应无污物、锈蚀、机械损伤和裂纹。

硬度检验：从每批中各种不同类型的锚具抽取 5%，且不少于 5 套做硬度检验。

静载锚固性能试验：经过上述两项检验合格后，从同批中抽取锚具组成 3 个预应力筋-锚具组装件，进行静载锚固性能试验。

检查数量：每检验批锚具不应超过 1 000 套，连接器不宜超过 500 套。

重要工程的锚具应进行静载锚固性能检测；其他工程应当提供同批次锚具性能检测报告。

8.2.3 孔道灌浆用水泥浆应采用机械拌制，其水灰比不应大于 0.45，拌制后 3 h 泌水率宜为 0，且不应大于 1%，泌水应在 24 h 内全部重新被水泥浆体吸收。

8.2.4 预应力混凝土中金属波纹管的尺寸及性能应符合《预应力混凝土用金属波纹管》（JG 225）的规定。对于用量较少的一般工程，如有可靠依据时，可不做径向刚度、抗渗性能的进场复验。

8.2.5 预应力筋张拉设备和仪表应满足预应力筋张拉或放张的要求，且应定期维护和标定。张拉用千斤顶和压力表应配套标定、配套使用。标定时千斤顶活塞的运行方向应与实际张拉工作状态一致。

8.2.6 张拉设备的标定期限不应超过半年。当张拉设备出现不正常现象时或千斤顶检修后,应重新标定。

8.2.7 灌浆设备的配备必须确保连续工作条件,根据灌浆高度、长度、形态等条件选用合适的灌浆泵。灌浆泵应配备计量校验合格的压力表。灌浆前应检查配套设备、输浆管和阀门的可靠性。

8.3 先张法预应力施工

8.3.1 先张法台座的台面脱模剂不得污染预应力筋。

8.3.2 在浇筑混凝土前发生断裂或滑脱的预应力筋必须更换。

8.3.3 先张法预应力筋张拉后与设计位置的偏差不应大于5 mm,且不得大于构件截面短边边长的4%。

8.3.4 先张法预应力筋的放张顺序应符合设计要求;当设计无具体要求时,可按下列规定放张:

    1 对承受轴心预压力的构件,所有预应力筋应同时放张;

    2 对承受偏心预压力的构件,应先同时放张预压力较小区域的预应力筋,再同时放张预压力较大区域的预应力筋;

    3 当不能按上述规定放张时,应分阶段、对称、相互交错放张。

8.3.5 先张法预应力筋宜采取缓慢放张方法,可采用千斤顶或螺杆等机具进行单独或整体放张。

8.4 后张法有黏结预应力施工

8.4.1 预埋孔道安装前,应按设计要求的预应力筋曲线坐标位置设置支托。对圆形金属波纹管的支托间距宜为 1~1.2 m,对扁形金属波纹管宜为 0.8~1.0 m。金属波纹管安装后,应与支托可靠固定。

8.4.2 金属波纹管接长时,可采用大一号同型金属波纹管作为接头管。接头管的长度不宜小于 200 mm,接头管的两端应采用黏胶带密封。

8.4.3 灌浆管或泌水管与波纹管连接时,可在金属波纹管上开洞,覆盖海绵垫和塑料弧形压板并与金属波纹管扎牢,再用增强塑料管插在弧形压板的接口上,且伸出构件顶面不宜小于 200 mm。

8.4.4 竖向预应力筋的留孔宜采用钢管,并应采用定位支架固定;每段钢管的长度应根据施工分层浇筑高度确定。

8.4.5 混凝土浇筑时,应采取有效措施,防止预应力筋孔道漏浆堵孔。

8.4.6 预应力筋孔道应铺设顺直,曲线圆滑,端部锚垫板应垂直于孔道中心线。

8.4.7 预应力筋可在浇筑混凝土前(先穿束法)或浇筑混凝土后(后穿束法)穿入孔道。混凝土浇筑前穿入孔道的预应力筋,宜采取防止锈蚀措施。

8.4.8 预应力筋的穿束方法宜采用穿束机穿入。

8.4.9 当固定端采用挤压锚具时,从孔道末端至锚垫板的裸露预应力筋长度应满足成组挤压锚具的安装要求。

8.4.10 内埋式固定端的锚垫板不应重叠,锚具与锚垫板应贴紧。

8.4.11 预应力筋从张拉端穿出的长度应满足张拉设备的操作要求。

8.4.12 施工过程中应避免电火花损伤预应力筋;受损伤的预应力筋应更换。

8.4.13 锚具安装前,应清理锚垫板端面的混凝土残渣和喇叭管内的杂物,且应检查锚垫板后的混凝土密实性,同时应清理预应力筋表面的浮锈和渣土。

8.4.14 锚具安装时锚板应对中,夹片应击紧且缝隙均匀。

8.4.15 后张法有黏结预应力筋张拉完毕并经检查合格后,应尽早进行孔道灌浆。

8.4.16 灌浆前应检查灌浆孔、排气孔、泌水管等是否畅通。必要时应采取清孔措施。

8.4.17 在锚垫板上灌浆孔处宜安装单向阀门;灌浆前,对锚具夹片空隙和其他可能漏浆处需采用高标号水泥浆或结构胶等封堵,待封堵料达到一定强度后方可灌浆。

8.4.18 与输浆管连接的出浆孔孔径不宜小于 15 mm;注入灌浆泵体的水泥浆应经筛滤,滤网孔径不宜大于 2 mm。

8.4.19 灌浆顺序宜先灌下层孔道,后灌上层孔道。灌浆应缓慢连续进行,不得中断,并应排气通顺。在灌满孔道封闭排气孔后,应再继续加压至 0.5~0.7 MPa,稳压 1~2 min 后封闭灌浆孔。

当发生孔道阻塞、串孔或中断灌浆时,应及时冲洗孔道或采取其他措施重新灌浆。

8.4.20 采用连接器连接的多跨连续预应力筋的孔道灌浆,应在连接器分段的预应力筋张拉后随即进行,不得在各分段全部张拉完毕后一次连续灌浆。

8.4.21 竖向孔道灌浆应自下而上进行,并应设置阀门,阻止水泥浆回流。为确保其灌浆密实性,除掺微膨减水剂外,并应采用重力补浆。

8.4.22 对超长、超高的预应力筋孔道,宜采用多台灌浆泵接力灌浆,从前置灌浆孔灌浆直至后置灌浆孔冒浆,后置灌浆孔方可续灌。

8.4.23 孔道灌浆的质量应符合下列要求:

    1 孔道内的水泥浆应饱满、密实,当有疑问时,可采用无损探测或钻孔检查;

    2 施工中水泥浆的配合比不得任意更改,其水灰比和泌水率应符合本规程的规定;

    3 孔道灌浆的灌浆压力不得小于 0.5 MPa;

4 水泥浆试块采用边长为 70.7 mm 的立方体试模制作，标准养护 28d 的抗压强度不应小于 30 MPa。

8.4.24 灌浆孔内的水泥浆凝固后，应将泌水管等切割至构件表面。

8.4.25 当室外温度低于+5 ℃时，孔道灌浆应采取抗冻保温措施；水泥浆灌入前的温度不应超过 35 ℃。

8.4.26 孔道灌浆应填写施工记录，标明灌浆日期、水泥品种、强度等级、配合比、灌浆压力和灌浆情况。

8.4.27 预应力筋锚固后的外露部分宜采用机械方法切割。预应力筋的外露长度不宜小于其直径的 1.5 倍，且不宜小于 25 mm。

8.4.28 凸出式锚固端的锚具封闭前，应将周围混凝土冲洗干净、凿毛，并配置钢筋网片；锚具封闭宜采用与构件同强度等级的细石混凝土，封锚混凝土应密实、无裂纹。

8.5 后张法无黏结预应力施工

8.5.1 无黏结预应力筋铺设前，对护套轻微破损处应采用防水聚乙烯胶带进行修补。每圈胶带搭接宽度不应小于胶带宽度的 1/2，缠绕层数不应少于 2 层，缠绕长度应超过破损长度的 3 倍。严重破损的无黏结预应力筋应予报废。

8.5.2 平板中无黏结预应力筋的曲线坐标宜采用钢筋马凳控

制,其间距不宜大于 2 m。无黏结预应力筋铺设后应与马凳可靠固定。

8.5.3 平板中无黏结预应力筋带状布置时,应采取可靠的固定措施,保证同束中各根无黏结预应力筋具有相同的矢高。

8.5.4 双向平板中,宜先铺设竖向坐标较低方向的无黏结预应力筋,后铺方向的无黏结预应力筋遇到部分竖向坐标低于先铺无黏结预应力筋时应从其下方穿过。双向无黏结预应力筋的底层筋,在跨中处宜与底面双向钢筋的上层筋处在同一高度。

8.5.5 无黏结预应力筋张拉端的锚垫板可固定在端部模板上,或利用短钢筋与四周钢筋焊牢。锚垫板面应垂直于预应力筋。当张拉端采用凹入式做法时,可采用塑料穴模或其他穴模。

8.5.6 无黏结预应力筋固定端的锚垫板应事先组装好,按设计要求的位置可靠固定。

8.5.7 对竖向或环向布置的无黏结预应力筋,应有定位支架或其他构造措施控制位置。

8.5.8 在板内无黏结预应力筋绕过开洞处的铺设位置应符合本规程第 6.2.25 条的规定。

8.5.9 无黏结预应力筋应铺设顺直,端部锚垫板应垂直于无黏结预应力筋。

8.5.10 内埋式固定端的锚垫板不应重叠,锚具与锚垫板应贴紧。

8.5.11 无黏结预应力筋锚具封闭前,无黏结筋端头和锚具夹片应涂防腐蚀油脂,并套上塑料帽。

8.5.12 对处于二类、三类环境条件下的无黏结预应力筋与锚具部件的连接以及其他部件之间的连接,应采用密封装置或采取连续封闭措施。

8.6 预应力钢结构施工

8.6.1 钢结构中的预应力施工,应依据设计要求,确定合理的张拉顺序和张拉方案,必须经设计单位确认。

8.6.2 钢结构预应力筋孔道的钢套管接头应对齐满焊、不渗漏。

8.6.3 体外束外套管的安装应保证连接平滑和完全密闭。束体线形和安装误差应符合设计和施工要求。在穿束过程中应防止束体护套受机械损伤。

8.6.4 在钢结构中,张拉端锚垫板应垂直于预应力筋中心线,与锚垫板接触的钢管与加劲肋端切口的角度应准确,表面应平整。锚固区的所有焊缝应符合国家现行标准《钢结构设计规范》(GB 50011)的规定。

8.6.5 拉索的长度应根据结构的几何尺寸及索头形式经计算分析后确定。

8.6.6 拉索的安装应考虑实际施工荷载和受力条件,并应满足设计初始索力的要求。

8.6.7 空间钢结构的拉索张拉,应考虑分批张拉的相互影响。

8.6.8 钢绞线拉索的夹片锚具应采取放松措施。

8.7 体外预应力施工

8.7.1 体外束的预应力筋可选用镀锌预应力筋、无黏结预应力筋、环氧涂层钢绞线等。折线形体外预应力筋应按偏斜拉伸试验方法确定其力学性能。

8.7.2 体外束的外套管应满足下列要求:

1 外套管和连接接头应完全密闭防水,在使用期内应有可靠的耐久性;

2 外套管应能抵抗运输、安装和使用过程中所受的各种作用力,不得损坏;外套管应与预应力筋和防腐蚀材料具有兼容性在建筑工程中,尚应符合设计要求的耐火性。

3 外套管应能承受 1.0 MPa 的内压。

8.7.3 体外束的防腐蚀材料应满足下列要求:

1 水泥基灌浆料在施工过程中应填满外套管,连续包裹预应力筋全长,并使气泡含量最小;

2 工厂制作的体外束防腐蚀材料,在加工制作、运输、安装和张拉等过程中,应能保持稳定性、柔性和无裂缝,并在所要求的温度范围内不流淌;

  3 防腐蚀材料的耐久性能应与体外束所处的环境类别和相应设计使用年限的要求相一致。

8.7.4 体外束的锚固体系必须与束体的形式和组成相匹配。对低应力状态下的体外束，夹片类锚具应有防松装置。

8.7.5 体外束弯折处宜设置鞍座，在鞍座出口处应形成圆滑过渡。

8.7.6 预埋锚固件与管道的位置和方向应严格符合设计要求，混凝土必须精心振捣，保证密实。

8.7.7 在混凝土梁加固工程中，体外束锚固端的孔道可采用静态开孔机成型。

8.7.8 体外束的张拉应保证构件对称均匀受力，必要时可采取分级循环张拉方式。在构件加固中，当体外束的张拉力较小时，也可采取横向张拉或机械调节方式。

8.8 超长预应力结构施工

8.8.1 超长预应力结构宜采用摩阻系数较小且刚度较好的波纹管，并宜采取有效措施减小张拉阶段预应力筋与孔壁的摩阻力。

8.8.2 在超长框架结构中，当长度超过 50 m 或跨数达到 4 跨及以上时宜采用分段张拉方式。采用分段张拉时，预应力筋的连接方法可采用对接法、搭接法和分离法，这三种方法也可同时采用。

8.8.3 超长预应力结构宜按照 50~75 m 的分段长度设置后浇带。

8.8.4 超长预应力结构的后浇带封堵时间不宜少于 60 d，施工缝的留设时间不宜少于 28 d。

8.8.5 在超长预应力结构中，当预应力筋张拉端设在后浇带位置时，后浇带的宽度不宜小于 2 m

8.8.6 超长结构采用梁顶面锚固的方式时，预应力筋的锚固点不宜放在支座附近。预应力筋数量较多时宜采用分段锚固，锚固点的间距应根据预应力筋产生的径向力不引起混凝土剪切破坏及千斤顶尺寸确定。

8.8.7 超长结构梁顶面张拉时可采用变角张拉的工艺。

8.8.8 超长结构中封闭后浇带的混凝土宜采用微膨胀混凝土。

8.8.9 施工后浇带处的波纹管应采取措施予以保护，后浇带两侧均宜设置灌浆孔。

9 预应力分项工程验收

9.1 一般规定

9.1.1 预应力分项工程的验收除符合本规程的规定外，尚应符合国家现行相关质量验收标准的要求。

9.1.2 后张法预应力分项工程可以划分为埋设和张拉两个阶段进行验收，验收宜与相应阶段的主体结构验收同时进行。

9.1.3 预应力分项工程量验收合格应符合下列规定：

　　1 分项工程分项质量检验批均符合合格质量的规定；

　　2 分项工程验收资料完整并符合验收要求。

9.1.4 检验批合格质量应符合下列规定：

　　1 主控项目和一般项目的质量经抽样检验合格：

当采用计数检验时，一般项目合格点率应达到90%，主控项目合格点率应达到95%；

　　2 具有完整的施工操作依据和质量检查记录。

9.1.5 设计单位宜参加重要工程的预应力分项工程验收。

9.2 材　　料

主控项目

9.2.1 预应力筋进场时，应按国家现行相关标准的规定抽取试件做抗拉强度、伸长率检验,其检验结果必须符合国家现行相关标准的规定。

检查数量:按进场的批次和产品的抽样检验方案确定。

检验方法:检查质量证明文件和抽样复验报告。

9.2.2 预应力筋用锚具、夹具和连接器进场时,应按国家现行标准《预应力筋用锚具、夹具和连接器》(GB/T 14370)的相关规定进行检验,其检验结果应符合该标准的规定。

检查数量:按国家现行标准《预应力筋用锚具、夹具和连接器》(GB/T 14370)的规定确定。

检验方法:检查质量证明文件和抽样复验报告。

注:对锚具用量较少的一般工程,如供货方提供有效的实验报告,可不做静载锚固性能等实验。

9.2.3 孔道灌浆用水泥以及成品灌浆料的质量分别应符合国家现行标准《通用硅酸盐水泥》(GB 175)、《预应力孔道灌浆剂》(GB/T 25182)的规定。

检查数量:按进场批次和产品的抽样检验方案确定。

检验方法:检查质量证明文件和抽样复验报告。

注:对预应力筋用量较少的一般工程,当有可靠依据时,可不作材料性能的抽样复验。

9.2.4 金属波纹管进场时,应进行径向刚度和抗渗漏性能检验,其检验结果应符合现行行业标准《预应力混凝土用金属波纹管》(JG 225)的规定。

检查数量：按进场的批次和产品的抽样检验方案确定。

检验方法：检查质量证明文件和抽样复验报告。

注：对用量较少的一般工程，当有可靠依据时，可不做径向刚度、抗渗漏性能的抽样复验。

一般项目

9.2.5 预应力筋进场时，应进行外观检查，并应符合下列规定：

预应力筋的表面不应有裂纹、小刺、机械损伤、氧化铁皮和油污。

检查数量：全数检查。

检验方法：观察。

9.2.6 预应力筋用锚具、夹具和连接器进场时，应进行外观检查，其表面应无污物、锈蚀、机械损伤和裂纹。

检查数量：全数检查。

检验方法：观察。

9.2.7 金属波纹管进场时，应进行外观检查，并应符合下列规定：

金属波纹管外观应清洁，内外表面应无锈蚀、油污、附着物、孔洞和不规则褶皱，咬口应无开裂、脱扣。

检查数量：全数检查。

检验方法：观察。

9.3 安 装

主控项目

9.3.1 预应力筋的品种、规格、数量必须符合设计要求。
检查数量：全数检查。
检验方法：观察，尺量检查。

一般项目

9.3.2 预应力筋或成孔管道的安装质量应按下列规定验收：
1 成孔管道的连接应密封；
2 预应力筋或成孔管道应平顺，并应与定位支撑钢筋绑扎牢固；
3 锚垫板的承压面应与预应力筋或孔道曲线末端垂直；
4 后张有黏结预应力筋曲线孔道应在孔道波峰设置排气孔。
检查数量：全数检查。
检验方法：观察。

9.3.3 预应力筋或成孔管道曲线控制点的竖向位置偏差应符合相关标准的规定。
检查数量：在同一检验批内，抽查各类型构件总数的5%，且不少于3个构件，每个构件不应少于5处。
检验方法：尺量检查。
注：控制点的竖向位置偏差合格点率应达到90%及以上。

9.4 张 拉

主控项目

9.4.1 预应力筋张拉或放张时，应对构件混凝土强度进行检验。同条件养护的混凝土立方体抗压强度应符合设计要求，设计无要求时不应低于设计的混凝土强度等级值的75%且不应低于30 MPa。

检查数量：全数检查。

检验方法：检查同条件养护试件试验报告。

9.4.2 预应力筋的张拉力、张拉顺序及张拉工艺应符合设计及施工方案的要求，张拉设备应经检定或校准；

检查数量：全数检查。

检验方法：观察，检查设备检定或校准证书。

一般项目

9.4.3 采用应力控制方法张拉时，控制张拉力下预应力筋伸长实测值与计算值的相对偏差不应超过±6%。

检查数量：全数检查。

检验方法：检查张拉记录。

注：伸长值偏差合格点率应达到95%及以上。

9.5 灌浆与封锚

主控项目

9.5.1 预留孔道灌浆后,应对灌浆质量进行检查,孔道内水泥浆应饱满、密实。

检查数量:全数检查。

检验方法:观察,检查灌浆记录。

9.5.2 现场留置的水泥浆试块的抗压强度不应小于 30 MPa。

检查数量:每工作班留置一组边长为 70.7 mm 的立方体试件。

检验方法:检查试件强度试验报告。

一般项目

9.5.3 后张法预应力筋锚固后的外露长度应符合设计要求且不应小于 30 mm。

检查数量:在同一检验批内,抽查预应力筋总数的 3%,且不应少于 5 束。

检验方法:观察,尺量检查。

9.6 预应力分项工程验收

9.6.1 预应力分项工程验收时,应提供下列文件和记录:

1 预应力分项工程的设计变更文件;
2 预应力施工方案及有关变更记录;
3 预应力材料的质量证明书;
4 预应力材料的进场复验报告;

5 张拉设备配套标定报告；
6 混凝土构件张拉前的构件混凝土强度等级检测报告；
7 预应力筋张拉见证记录；
8 孔道灌浆及封锚记录、水泥浆试块强度试验报告；
9 现场检验和监测报告；
10 检验批质量验收记录。

附录 A 常用预应力筋索形的等效荷载

表 A.0.1 常用预应力筋索形的等效荷载

索形	等效荷载
(直线,轴心)	N_p 两端水平力
(直线,偏心 e_p)	$M=N_p \cdot e_p$ 两端
(抛物线)	$q = \dfrac{8 N_p \cdot e_p}{L}$
(折线,角度 θ)	$p = N_p \times \sin\theta$,$q$
(正反抛物线形布设,预应力筋,反弯点,h_1、h_2、h_3,αL、L、αL)	$q_1 = \dfrac{8 N_p f}{2\alpha L^2}$;$q_2 = \dfrac{8 N_p f}{(1-2\alpha)L^2}$;$M = N_p \times e_0$

注:表中 L——计算跨度;
 N_p——有效预加力。

附录 B 曲线布置时预应力损失值 σ_{l1} 计算

B.0.1 在后张法构件中，应计算曲线预应力筋由锚具变形和预应力筋内缩引起的预应力损失。

B.0.2 反摩擦影响长度 l_f（mm）可按下列公式计算：

$$l_f = \sqrt{\frac{aE_p}{\Delta\sigma_d}} \quad (\text{B.0.2-1})$$

$$\Delta\sigma_d = \frac{\sigma_{con}(1-e^{-\kappa x-\mu\theta})}{L} \quad (\text{B.0.2-2})$$

式中 a——张拉端锚具变形和钢筋内缩值（mm），按表 5.2.4 中的数值采用；

E_p——预应力筋弹性模量；

$\Delta\sigma_d$——单位长度由管道摩擦引起的预应力损失；

σ_{con}——张拉控制应力；

L——张拉端至锚固端的距离；

θ——从张拉端至计算截面曲线孔道各部分切线的夹角之和（rad）；

μ——预应力筋与孔道壁之间的摩擦系数，按表 5.2.5 中的数值采用；

κ——考虑孔道每米长度局部偏差的摩擦系数,按表 5.2.5 中的数值采用;

x——张拉端至计算截面的距离(m)。

B.0.3 张拉端的锚固损失按下列公式计算:

$$\sigma_{l1} = 2\Delta\sigma_d l_f \qquad (B.0.3)$$

附录 C 预应力框架梁不需验算挠度的条件

C.0.1 预应力框架梁受到的外荷载不超过本节图中的最大外荷载时，按荷载效应的标准组合并考虑荷载长期作用影响的挠度 f 与其跨度 L 的比值小于 1/400。

C.0.2 当预应力框架梁满足 C.0.1 的要求时，可不进行挠度验算。

C.0.3 本节的适用条件：

    1 混凝土强度等级为 C40；

    2 现浇混凝土预应力框架梁截面尺寸符合以下规定：

现浇板厚度 h'_f 不小于 100 mm；

有效翼缘宽度 $b'_f = b + 12\ h'_f$；

截面高度 h 不大于 2 000 mm。

C.0.4 本附录中的符号含义为：

    L——预应力框架梁计算跨度；

    h——预应力框架梁截面高度

    q_w——预应力框架梁上作用的预应力等效荷载标准值，可按 C.0.5 计算；

    q——预应力框架梁上作用的最大外荷载标准组合值；

    $M_支$——按外荷载标准组合计算的框架梁两端支座弯矩平均值；

    $M_中$——按外荷载标准组合计算的框架梁跨中弯矩值。

C.0.5 当预应力钢筋束形布置采用如图 C.0.5 的圆弧线或四

段抛物线时,预应力框架梁上作用的预应力等效荷载标准值 q_w 可按下式计算：

$$q_w = \frac{8 N_{pe} f}{L^2} \quad (C.0.5)$$

式中 N_{pe}——跨内各截面有效预加力平均值；
f——曲线的总矢高；
L——计算跨度。

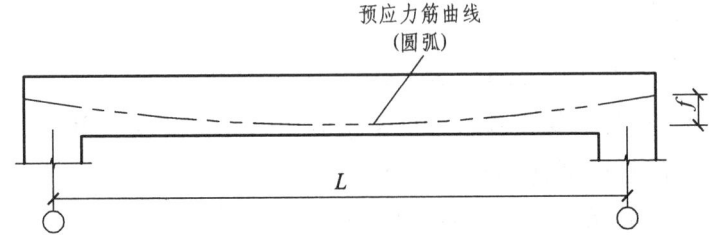

（a）圆弧线束形示意图

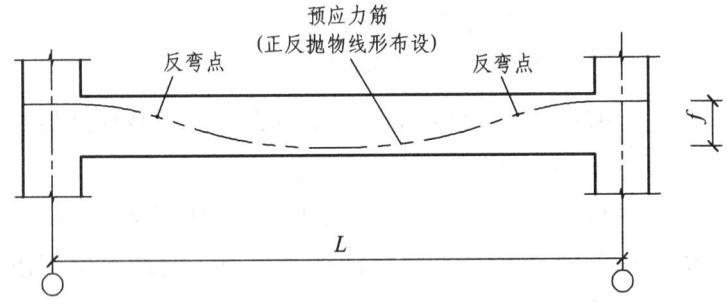

（b）四段抛物线束形示意图

图 C.0.5 预应力钢筋束形示意图

C.0.6 预应力框架梁不需验算挠度的最大外荷载如图 C.0.6 所示。

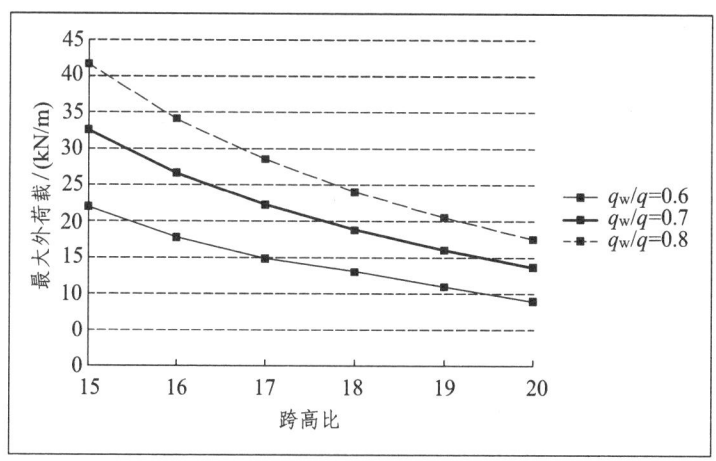

（a）$M_支/M_中=0$ 时，q_w/q，L/h，q 之间的关系曲线图

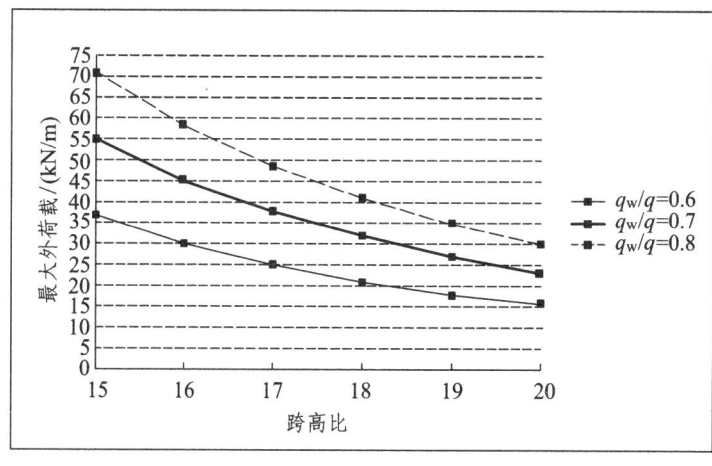

（b）$M_支/M_中=0.5$ 时，q_w/q，L/h，q 之间的关系曲线图

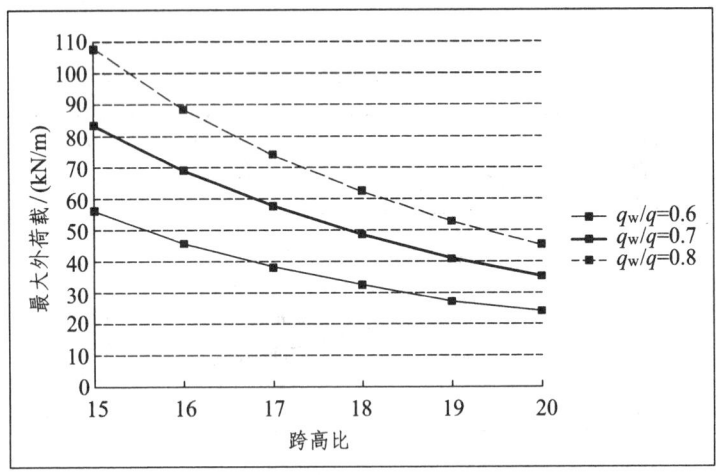

（c）$M_支/M_中=1$ 时，q_w/q，L/h，q 之间的关系曲线图

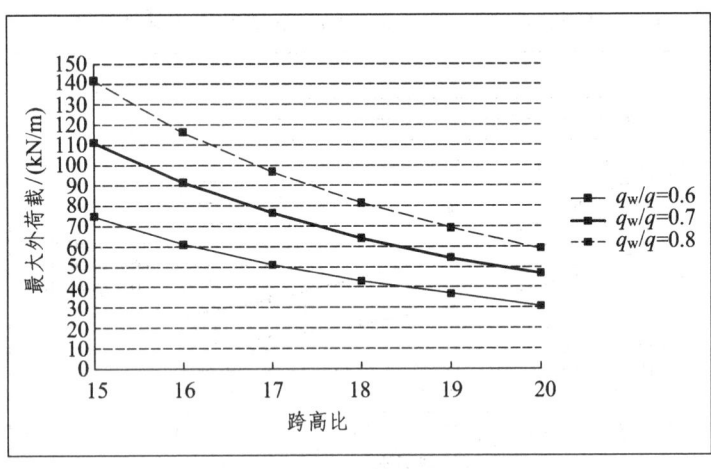

（d）$M_支/M_中=1.5$ 时，q_w/q，L/h，q 之间的关系曲线图

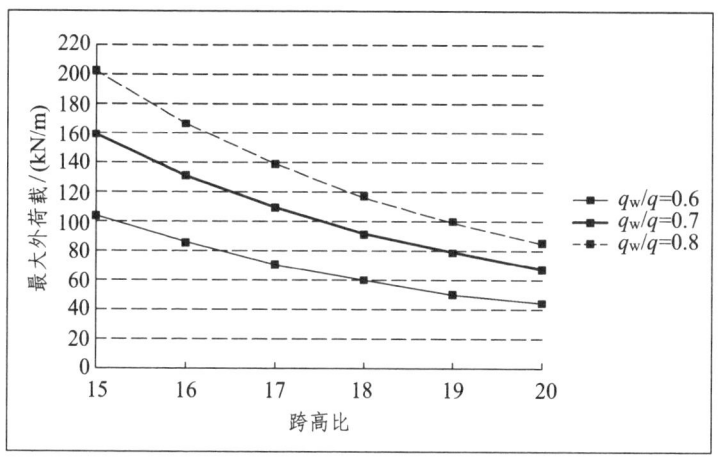

(e) $M_支/M_中=2.0$ 时,q_w/q,L/h,q 之间的关系曲线图

图 C.0.6 q_w/q,L/h,q 之间的关系曲线图

本标准用词说明

1 为便于在执行本标准条文时区别对待,对执行标准严格程度的用词说明如下:

  1)表示很严格,非这样做不可的用词
    正面词采用"必须",反面词采用"严禁"。
  2)表示严格,在正常情况下均应这样做的用词
    正面词采用"应",反面词采用"不应"或"不得"。
  3)表示允许稍有选择,在条件许可时首先应这样做的用词
    正面词采用"宜",反面词采用"不宜"。
    表示有选择,在一定条件下可以这样做的,采用"可"。

2 规程中指定按其他有关标准、规范的规定执行时,写法为"应符合……的规定"或"应按……执行"。

引用标准名录

1 《建筑结构荷载规范》（GB 50009）
2 《混凝土结构设计规范》（GB 50010）
3 《建筑抗震设计规范》（GB 50011）
4 《钢结构设计规范》（GB 50017）
5 《工程结构可靠性设计统一标准》（GB 50153）
6 《混凝土工程施工质量验收规范》（GB 50204）
7 《钢结构工程施工质量验收规范》（GB 50205）
8 《混凝土结构工程施工规范》（GB 50666）
9 《通用硅酸盐水泥》（GB 175）
10 《混凝土外加剂》（GB 8076）
11 《混凝土外加剂应用技术规范》（GB 50119）
12 《预应力筋用锚具、夹具和连接器》（GB/T 14370）
13 《预应力混凝土用钢棒》（GB/T 5223.3）
14 《预应力孔道灌浆剂》（GB/T 25182）
15 《无黏结预应力混凝土结构技术规程》（JGJ 92）
16 《预应力混凝土结构抗震设计规程》（JGJ 140）
17 《预应力混凝土用金属波纹管》（JG 225）
18 《建筑工程预应力施工规程》（CECS180）
19 《预应力钢结构技术规程》（CECS212）
20 《整体预应力装配式板柱结构技术规程》（CECS52）

四川省工程建设地方标准

预应力结构设计与施工技术规程

DBJ 51/T 031-2014

条 文 说 明

目　次

- 3 材　料 …… 77
  - 3.2 预应力筋 …… 77
  - 3.4 其他材料 …… 77
- 4 设计基本规定 …… 78
  - 4.1 一般规定 …… 78
  - 4.2 预应力混凝土结构设计 …… 78
  - 4.3 预应力钢结构设计 …… 79
  - 4.4 预应力超长结构设计 …… 79
- 5 预应力作用分析 …… 81
  - 5.1 一般规定 …… 81
  - 5.2 预应力损失值计算 …… 81
- 6 预应力混凝土结构设计 …… 83
  - 6.1 一般规定 …… 83
  - 6.2 承载能力极限状态验算 …… 83
  - 6.3 裂缝宽度验算 …… 84
  - 6.4 施工阶段验算 …… 84
  - 6.5 预应力混凝土结构抗震设计 …… 85
  - 6.6 主要构造 …… 85

7 特殊预应力结构设计 ·········· 86
　7.1 体外预应力加固 ·········· 86
　7.2 压接抗剪设计 ·········· 86
8 预应力施工 ·········· 87
　8.1 一般规定 ·········· 87
　8.4 后张法有黏结预应力施工 ·········· 87
　8.8 超长预应力结构施工 ·········· 88
9 预应力分项工程验收 ·········· 89
　9.1 一般规定 ·········· 89
附录 B 曲线布置时预应力损失值 σ_{l1} 计算 ·········· 90
附录 C 预应力框架梁不需验算挠度的条件 ·········· 92

3 材 料

3.2 预应力筋

3.2.1 钢棒一般情况下应用较少，主要用于压接抗剪连接等预应力筋极短的情况，使用时钢棒的性能应符合国家现行标准《预应力混凝土用钢棒》(GB/T 5223.3)的要求。

3.4 其他材料

3.4.1 建筑工程中，考虑到与混凝土之间的黏结性能与金属波纹管存在差异，一般不在主要受力构件中采用塑料波纹管，如需使用则应有足够的工程经验，塑料波纹管的规格和性能应符合现行行业标准《预应力混凝土桥梁用塑料波纹管》(JT/T 529)的规定。

4 设计基本规定

4.1 一般规定

4.1.1 依据《工程结构可靠性设计统一标准》(GB 50153)，预应力作用可视为荷载或抗力。在预应力结构设计中，将预应力视为荷载或抗力的方式都存在，在体外预应力结构或预应力钢结构中一般视为荷载，在混凝土结构中则一般视为抗力。

4.1.4 由于预应力结构是在部分构件或全部构件上施加预加力，在此过程中有可能对相邻构件产生不利影响，因此，在设计时，应当根据实际受力情况采取相应加强措施，必要时进行整体结构分析和验算。

4.1.5 预应力筋长度较短而且采用夹片锚具时，会产生如下问题：夹片锚具的锚固需要有一定的滑移，可能产生由于预应力筋张拉伸长量不足导致锚固失效；同时预应力损失较大，导致不经济。

4.2 预应力混凝土结构设计

4.2.1 本规程将预应力作用等同于外荷载考虑，但由于其作用的特点与外荷载存在差别，因此，不建议进行调幅。

4.2.2 结合本规程的设计原则，根据实际工程经验及统计分析结果，为了保证结构安全，建议适当放大框架梁跨中的弯矩设计值。

4.2.4 预应力混凝土框架梁、柱是抗侧力体系中的主要构件，为了确保结构的抗震性能，应采用延性较好的有黏结预应力技术。

4.2.6 该条主要是从经济性的角度考虑。

4.3 预应力钢结构设计

4.3.5 考虑到在预应力钢结构中，预应力筋常常作为主要的受力元件，其对结构的重要性较高。一般情况下影响结构整体安危的重要索取低值，影响结构局部的次要索可取高值。

4.4 预应力超长结构设计

4.4.3 当量温降值可根据工程经验直接取值；参照上海预应力规范和国家荷载规范，无可靠经验时可取$\Delta T'=10\sim15$ ℃。影响混凝土收缩应力的因素很多，包括水泥品种、骨料级配、水灰比、养护条件等，混凝土的收缩量及速率随时间变化，一般凝结初期发展较快，混凝土浇筑后 10～30 天内可完成全部收缩量的 15%～25%，3 个月一般完成 60%～80%，以后增长缓慢，在一年后可完成最终收缩量的 95%左右。

4.4.4 季节温差为结构混凝土初始温度与正常使用阶段结构温度极值的差值。为方便设计应用，对于混凝土结构来说，此处初始温度可以是后浇带浇注封闭时的合龙温度，可以取后浇带封闭时的月平均气温；正常使用阶段结构温度极值，可以取当地月平均气温。

4.4.7 混凝土柱、墙在通常情况下,一般不用考虑裂缝开裂引起的刚度折减、应力徐变作用的影响,或者折减系数没有梁大,故梁的徐变折减系数与柱、墙是不一样的。

4.4.8 参考《建筑结构荷载规范》(GB 50009—2012)9.1.3 条,组合值系数取 0.6,准永久值系数取 0.4。

5 预应力作用分析

5.1 一般规定

5.1.6 在预应力框架梁设计中一般常取张拉控制应力值为 $0.70 f_{ptk}$。

5.2 预应力损失值计算

5.2.2 对于钢结构预应力总损失没有此要求。

5.2.6 对于框架梁，混凝土的收缩和徐变损失（σ_{l5}）计算公式中与梁中预应力配筋、非预应力配筋有关，但在计算损失时由于还未确定最终配筋结果，因此，需要进行估算。通常，ρ 的取值大致为 ρ_{te} 的 1/2，即 ρ 的最大值为 0.015，最小值通常不低于 0.01；取 ρ 等于 0.01 时，与 ρ 为 0.015 时相比较，σ_{l5} 的计算偏差在 5%以内，因此，设计时可以近似取 ρ 等于 0.01 进行计算。例如，当混凝土强度为 C40（张拉时混凝土强度达到 100%），σ_{pc} 不大于 10 MPa 时，取 ρ =0.01，则 σ_{l5} 的最大值为 113 MPa。本规定参照《钢筋混凝土结构设计规范》（TJ 10—74）规范中给出的混凝土收缩、徐变引起预应力损失值（如表 1 所示），考虑现在使用的为泵送混凝土，收缩较大，按规范计算后将后张法部分的取值进行了适当调整。

表1 混凝土收缩、徐变引起预应力损失值 σ_{l5}（N/mm²）

σ_{pc}/f'_{cu}	0.1	0.2	0.3	0.4	0.5	0.6
先张法	55	75	95	113	135	210
后张法	40	60	80	100	120	180

注：σ_{pc} 预应力筋合力点处的扣除第一批损失后的混凝土法向压应力，考虑在张拉阶段时结构的自重；f'_{cu} 为施加预应力时的混凝土立方体抗压强度。

6 预应力混凝土结构设计

6.1 一般规定

6.1.1～6.1.6 本规程给出的方法是基于国家现行标准《混凝土结构设计规范》(GB 50010)建立的相对简化的设计方法，设计人员采用本规程提供的方法进行设计时，整个设计过程均应当执行本规程的规定，而不应仅执行个别条款。

6.1.7 预应力混凝土构件的锚固区局部受压验算方法，按国家现行标准《混凝土结构设计规范》(GB 50010)的规定执行。

6.2 承载能力极限状态验算

6.2.1

1 在四川省，由于抗震设防的要求，预应力框架梁的抗震等级通常不低于三级，其梁端受压区高度至少应符合上式规定；而对其跨中截面，计入受压翼缘后一般均满足式(6.2.1)的要求。

2 通常现在都采用 f_{ptk} = 1 860 MPa 的钢绞线作为预应力筋，根据《混凝土结构设计规范》(GB 50010—2010)第 6.2.7 计算得到的 ξ_b 一般也不大于 0.4。

为了简化设计，故作此规定，略高于《混凝土结构设计规范》(GB 50010)的要求。

6.2.2
1 本处公式是基于《混凝土结构设计规范》(GB 50010)的公式，对次弯矩进行分解后做了适当的简化。

$$\alpha_1 f_c bx = f_y A_s + f_{py} A_p - f'_y A'_s$$

2 在式（6.2.2-2）中，代入 $N_p = \sigma_{pe} A_p$，可以得到该式与GB 50010 一致。

6.2.3 本处是引用《混凝土结构设计规范》(GB 50010)的公式。

6.3 裂缝宽度验算

6.3.4 本处公式是基于《混凝土结构设计规范》(GB 50010)的公式，对次弯矩进行分解后做了简化。

6.3.6 最大裂缝宽度的影响因素较多，计算也较为繁杂，本处是按照《混凝土结构设计规范》(GB 50010)的公式分析各影响因素后归纳而得。

6.4 施工阶段验算

6.4.1 施工阶段验算，必要时应考虑荷载的动力系数。

6.4.2 施工荷载作用，必要时应考虑荷载的动力系数。

6.4.3 本处公式是基于《混凝土结构设计规范》(GB 50010)的公式，对次弯矩进行分解后做了简化。

6.5 预应力混凝土结构抗震设计

6.5.6 均是引用《混凝土结构设计规范》(GB 50010)和《建筑抗震设计规范》(GB 50011)的主要规定。

6.6 主要构造

6.6.1 梁截面高度的确定，应根据刚度的要求、所受荷载的大小、预应力度等情况予以综合考虑。

6.6.2

1 板厚的确定，应根据刚度的要求、所受荷载的大小、预应力度等情况予以综合考虑。

2 考虑预应力筋的布置及效应，板厚不宜小于150 mm。

6.6.11

1 当有可靠试验依据及工程经验时，可将锚具设置在节点区，但应合理处理箍筋的布置，必要时应验算锚具对受剪截面产生削弱的不利影响。

2 锚具应布置在活荷载作用下内力变化不大的区域，锚具在截面中的位置应尽量位于截面形心处，因锚具而削弱的构件截面，必要时以非预应力筋加强或用其他措施补强。

6.6.2 ~ 6.6.15 均是引用《混凝土结构设计规范》(GB 50010)、《无粘结预应力混凝土结构技术规程》(JGJ 92)的主要规定。

7 特殊预应力结构设计

7.1 体外预应力加固

7.1.1 体外预应力加固有别于其他加固方法,是一种主动的加固方式,在预应力加固的同时可以对既有结构卸载,在提高构件承载能力的同时,可以使构件产生反拱变形和减小结构裂缝宽度,是近年来快速发展起来的加固方法之一,在梁或板加固中应用,取得了良好效果。

7.1.2 体外预应力与体内预应力相比有两大不同点:其一是体外预应力的二次效应;其二是预应力二次加载的影响。

体外预应力加固采用专用设备、技术要求高和需要专业施工队伍,对确保加固工程质量有利。

7.1.8 《混凝土结构设计规范》(GB 50010—2010)第 4.1.2 条规定预应力混凝土结构强度不宜低于 C40 且不应低于 C35。考虑被加固的既有结构多为非预应力结构,且体外预应力束总体不会很大,放宽至 C20。当预应力筋配置较高时,混凝土强度应适当提高或增加其他措施。

7.2 压接抗剪设计

7.2.8 该条是为了避免出现局部剥离,但过大的预压应力也可能导致不安全。日本相关规范的最大限值为 $0.3 f_c$。

8 预应力施工

8.1 一般规定

8.1.1 参照国家现行标准《混凝土结构施工验收规范（2011年版）》（GB 50204—2002）中6.1.1要求。

8.1.2 预应力专项施工方案应包括施工安全方案以及所需张拉力、压力表读数、张拉伸长值，并说明张拉顺序和方法等。

8.1.3 区分重要的预应力工程，其目的是为了加强对结构影响较大的预应力工程在施工过程中的监控和重视。

8.1.5 施加预应力的时间直接影响了预应力后期的损失；但为防止混凝土出现早期裂纹而施加的预应力，可不受上述龄期的限制，但应满足局部承压的要求。

8.1.6 对于构件长度较小及跨数较少的预应力结构，考虑到锚具锚固时会产生回缩和滑移损失，如果施工计算表明一端张拉能够满足要求时，可采用一端张拉。

8.4 后张法有黏结预应力施工

8.4.15 在实际实施过程中，根据工程进度，可以在张拉完成后进行灌浆，灌浆后等灌入水泥浆有一定强度后再拆除底模，也可以拆除底模后再灌浆。一般可以在上层混凝土浇筑前进行灌浆，等灌入水泥浆有一定强度后浇筑上层混凝土。

8.8 超长预应力结构施工

8.8.3 对于水平弧梁的预应力筋,其长度宜更小。为进一步减小混凝土的收缩,在相邻两条后浇带之间还可留设施工缝。

8.8.4 以最大限度减少混凝土的早期收缩对结构或构件的影响。有可靠措施时可适当放宽该限制条件。

8.8.5 考虑两边预应力筋张拉的操作空间。

9 预应力分项工程验收

9.1 一般规定

9.1.1 本规程涉及的结构类型较多,针对不同的结构类型,国家已颁布有相关的质量验收标准,本规程仅明确主要需要控制以及与其他标准要求有区别的项目。

附录 B 曲线布置时预应力损失值 σ_{l1} 计算

B.0.3 在预应力框架梁中,预应力筋的索形一般均采用曲线,与预应力筋的摩擦作用相同,当预应力筋由于锚具变形和钢筋内缩而产生滑移时,预应力筋与孔道壁之间存在反向摩擦作用,因此,预应力筋的锚固损失在张拉端处最大,沿构件长度方向逐渐下降减至零,如图 1 所示。

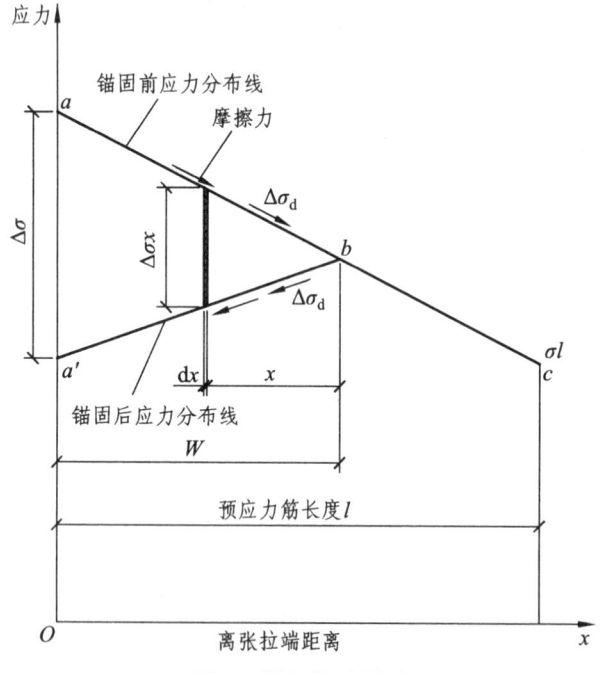

图 1 锚固损失影响

按照变形协调的原理，取张拉端锚具的变形和内缩值等于钢筋在锚固过程中的变形值，可求出预应力损失值 σ_{l1} 的影响范围和数值。为简化计算，对图 1 提出两条假定：① 孔道损失按近似直线公式计算；② 阻止回缩发生的反向摩擦系数与张拉时的摩擦系数相等。由此可知，代表锚固前和锚固后瞬间预应力筋应力变化的两根直线 ab 和 $a'b$ 的斜率是相等的，但方向则相反。这样，锚固后整根预应力筋的应力变化线可用折线 $a'bc$ 来代表。为确定该折线，需要求出两个未知量，其为张拉端的预应力锚固损失及预应力筋回缩的反向摩擦影响长度 l_f。

根据预应力筋在锚固损失影响区段的总变形与预应力筋回缩值相协调原理，求出锚固损失，即

$$\alpha = \omega / E_p \quad 即 \quad \alpha E_p = \omega$$

$$\omega = \Delta \sigma_d l_f \times l_f = \Delta \sigma_d l_f^2$$

$$l_f = \sqrt{\frac{\alpha E_p}{\Delta \sigma_d}}$$

式中 ω——锚固损失的应力图形面积；

E_p——预应力筋弹性模量。

则张拉端的锚固损失为 $\sigma_{l1} = 2\Delta \sigma_d l_f$。

附录 C 预应力框架梁不需验算挠度的条件

C.0.1 预应力框架梁受到的外荷载应换算为等效均布荷载,可参照《建筑结构荷载规范》(GB 50009)的规定。